品質管理のための
統計的方法の活用

竹士伊知郎 著

日科技連

は じ め に

　統計学がブームといわれるほど，企業人はもちろん学生や広く一般の方にも知られるようになって数年になる．最近では，2022年度以降入学の高校生は，数学の一分野として統計学が必修扱いになったという，大学受験生にとっては切実で重要なニュースもあった．

　筆者は数学の専門家ではない．もとは鉄鋼技術者・研究者であった．しかし，その業務を遂行する中で「統計的品質管理」に出会い，そのおもしろさ，奥深さ，そして何より実学としての有用性の虜になった．今では，「統計的方法を使った品質管理」を広く多くの方に知っていただけるよう，実践し，教育し，指導することを生業としている．

　本書では，品質管理のための統計的方法について，どのような仕組みになっているのか，どのような場面で使うのか，使えるのか，何がわかるのか，得られた結論の扱い方などをていねいに説明する．

　実際の場面では，手計算や手書きのグラフなどを使われることはまずないであろう．表計算ソフトや各種統計ソフトを活用していただければよい．しかしながら，インプットされたデータをどのように扱っているのか，得られたアウトプットをどう解釈するのかなどを不十分な理解のまま行われるとすれば，せっかくの統計的方法の恩恵が減じてしまうといわざるを得ない．

　理解を深めるために必要に応じて例題を挿入している．例題で設定している場面は，企業人が業務を遂行する場面で直面するであろう状況を設定した．専門家の方からは，こんなことはしないとか現実的ではないとかのお叱りをいただくかもしれないが，多くの皆さんに統計的方法のご理解を深めるための工夫として，ご容赦いただきたい．

　統計的方法は，何も技術者・研究者のためだけの道具ではない．職場や学校での問題解決を図ろうとするすべての方に有用なものである．営業や管理間接

部門の方々や学生の方にも是非目を通していただければと思う．そういった意味で，多くの初学者のために，統計の初歩から稿を起こす．ある程度の知識がある方は，特に前半は復習の意味でお読みいただければ幸いである．

本書は，以下の7つの章より構成されている．

第1章　品質管理の考え方

第2章　統計的方法の基礎

第3章　検定と推定

第4章　実験計画法

第5章　管理図

第6章　相関分析

第7章　回帰分析

統計的方法につきものの特有の用語や記号・式については，JIS(日本産業規格)をはじめ国内の統計的品質管理に関する書籍などで広く使われているものを採用するようにしたが，一部の書籍とは異なる表記になっているものもある．特に重要なものはその都度詳細に意味や成り立ちを説明しているので，記号や式の意味を理解することに努めてほしい．

本書は，一般社団法人 日本鉄鋼協会の会報誌『ふぇらむ』に，筆者が2023年5月のVol.28，No.5から2024年1月のVol.29，No.1まで8回にわたり連載した「入門講座　品質管理のための統計的方法の活用」に，加筆を行い再構成して書籍化したものである．

書籍化をこころよく後押しいただいた一般社団法人日本鉄鋼協会の小澤純夫専務理事をはじめとする皆様方には衷心より深謝する．

書籍化にあたっては，株式会社日科技連出版社の石田新係長に一方ならぬ支援をいただいた．また，同社の戸羽節文社長，鈴木兄宏取締役にはいつものように温かい励ましを頂戴した．改めてお三方には心より御礼を申し上げる．

2024年3月　鳴きはじめたうぐいすの声をききながら

竹士　伊知郎

目　　次

第1章

品質管理の考え方

1.1　品質管理とは

　企業などの組織の目的は，それを取りまく環境の中で，顧客の要求に合った品質の製品またはサービスを提供し，社会に貢献することにあるといえる．この目的に沿って，必要とされる製品またはサービスを適当な価格で提供できるように，企業や組織を運営することが求められている．ここに品質管理の意義があると考えられる．

　品質管理の定義としては，「買手の要求に合った品質の品物またはサービスを経済的に作り出すための手段の体系」(旧 JIS Z 8101 : 1981)がある．また，この規格では，品質管理を効果的に実施するために大切なこととして，「市場の調査，研究・開発，製品の企画，設計，生産準備，購買・外注，製造，検査，販売およびアフターサービスならびに財務，人事，教育など企業活動の全段階にわたり，経営者を始め管理者，監督者，作業者など企業の全員の参加と協力が必要である．」とも記載されている．

　このようにして実施される品質管理は，Total Quality Management(略して TQM)と呼ばれている．

　TQM は，総合的品質管理とも呼ばれ，第二次世界大戦後，わが国の工業を中心に発展してきた品質を中核とする経営管理の方法である．製品の品質向上はもとより，業務の質改善，企業競争力の向上など，わが国産業の発展に大きく貢献してきた．

1.2　QC 的ものの見方・考え方

　TQM を特徴づけるものとして，「QC 的ものの見方・考え方」がある．主なものを下記に示す．
　1)　顧客満足，マーケットイン
　2)　プロセス重視

3) 再発防止・未然防止

4) 重点指向

5) 事実に基づく管理(ファクトコントロール)

6) 全部門・全員参加

7) 人間性尊重

1.3 品質の定義

「品質」とは，「対象に本来備わっている特性の集まりが，要求事項を満たす程度」(JIS Q 9000：2015)とされている．日本語の品質は英語の"Quality"の訳語であるが，Quality は「よさ加減」，「よい性質」，「優れた特徴」という意味となる．日本語の品質においても，「品(ひん)」と「質」は同義語であり，いずれも Quality に対応するといえる．日本の品質管理の発展に貢献したジュラン博士(J. M. Juran)は，品質とは，「使用目的に対する適合(fitness for use)」としている．

品質管理では，サービスの質も品質と考える．品質＝品物の質＋サービスの質といえる．サービスの質を主体に品質管理を行う企業，部門としては，

サービス業：輸送，運送，銀行，ホテル，レストラン

公共事業：電力，ガス

事務部門：他の部門へのサービス

などが挙げられる．

また，品質管理では Quality(品質)だけでなく，Cost(原価，価格)と Delivery(納期，生産量)を加えた QCD を広義の品質という．QCD に現場で重視される Safety(安全)を加えた QCDS を広義の品質とする場合もある．

また，製品の品質確保をすべての業務に最優先することを品質第一という．経営を品質第一で進めていけば，消費者の信頼は次第に上昇し，製品の売上は次第に増加し，長期的に見れば大きな利益を得て安定した経営ができるという考え方である．

1.4　ねらいの品質とできばえの品質

(1)　ねらいの品質

　お客様の要望(要求品質)を正しくつかみ，それを実現するための能力も十分考えに入れて，このようなものをつくろうとねらった品質を「ねらいの品質」といい，設計品質ともいわれる.

(2)　できばえの品質

　ねらった品質(設計品質)をどのくらい忠実に実現できたかという点にかかわる品質を「できばえの品質」といい，製造品質，適合の品質，合致の品質ともいわれる.

1.5　管理活動

1.5.1　維持と改善

　組織においては，よい状態を維持し続ける維持活動と，製品やサービスの品質，さらにはそれを生み出す仕事の質を，よりよいものに改善していく改善活動の両方が必要である．維持活動と改善活動を合わせて，管理活動という.

　維持活動とは，「日常的な活動において，作業標準に従い，現状の維持と再発防止に重点を置いた管理活動」のことをいう.

　改善活動とは，「現状での作業における問題点を発見し，よりよい作業の状態を生み出す活動」のことをいう．日本で発達した総合的品質管理活動の象徴的言葉で，品質の改善，工程の改善，仕事の改善などをめざす組織的な活動である．組織の従業員全員が参加し，統計的方法や多くの QC 手法を駆使し，QC ストーリーなどの問題解決手順の活用を行うことが特徴である.

1.5.2 PDCA と SDCA

PDCA とは,「効果的に効率よく目的を達成するための活動を,計画(plan),実施(do),点検(check),処置(act)の反復から構成する経営管理の基本的方法」であり,PDCA サイクル,管理のサイクルともいわれる(**図1.1**).戦後,日本の品質管理の発展に貢献したデミング博士(W.E.Deming)にちなみ,デミングサイクルとも呼ばれる.デミングが最初に示したサイクルは,設計→製造→検査・販売→サービス・調査という製品プロセスであったが,それが日本の品質管理の専門家によって PDCA としてサイクル化された.

SDCA とは,「技術や作業方法が確立している場合に,計画(Plan)に替えて,その方法を標準(S：Standard)として与え,その標準どおり仕事を行い,その結果を確認し,これに基づき必要な処理をとる管理」のサイクルである.

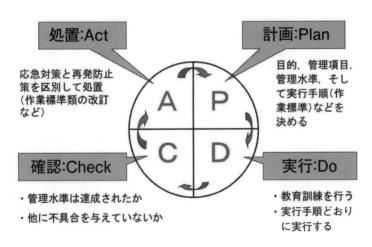

図1.1 PDCA サイクル

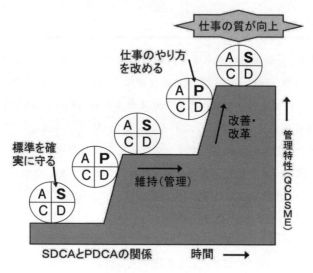

図1.2　PDCA サイクルと SDCA サイクル

　図1.2 に示すように，PDCA や SDCA のサイクルを継続的に回すことによって，改善活動・維持活動をレベルアップさせていくことが管理活動の真のねらいであり，そのために継続的改善を行っていくことになる．

第 2 章

統計的方法の基礎

2.1　母集団とサンプル

　品質管理を行うときに，その対象は何だろう．何か調べたいというその対象
は何だろう．

　今日製造した製品の品質がよければそれでよし，というわけではない．私た
ちの活動は，空間的にも時間的にもかなりの拡がりをもって行われるものであ
る．したがって，明日製造される製品，来月製造される製品の品質も大変重要
である．すなわち，製品を製造する工程そのものが管理の対象となると考える．

　世論調査というものがある．例えば，時の内閣の支持率というような調査が
しばしば行われる．世論調査の対象は，例えば「全国の有権者」という無数で
永続的ともいえる集まりを対象にしている．それに対し今回たまたまアンケー
トを依頼された人は，「全国の有権者」の代表で，いわば「標本」ということ
になる．

　このように品質管理でも，管理の対象となる調べたいものとその情報を得る
ために調べるものを区別して考える必要がある．調査や管理の対象となる集団
を母集団，母集団の情報を得るために調べるものをサンプル(標本)と呼ぶ．

　私たちはサンプルをとって特性を測定しデータを得る．その目的はサンプル
に対して処置をすることではなく，その背後にある母集団に関する情報を得て，
処置を行うことにある．母集団とサンプルの関係を図2.1に示す．

　このように，サンプルによって母集団を推測するということが統計的方法の
基本であり，このことが，統計的方法の便利さ，複雑さ，そして面白さをもた
らしているのである．

　管理や調査の対象になる母集団の情報を正しく得るためには，それらを正し
く代表するサンプルをとらなければならない．このために，ランダムサンプリ
ングという方法が用いられる．ランダムサンプリングとは，「でたらめに」と
か「適当に」サンプリングを行うことではない．母集団を構成する要素が，
「すべて同じ確率でサンプルとなるようサンプリングすること」である．例え

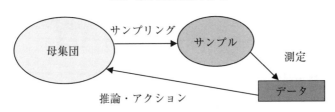

図 2.1　母集団とサンプルの関係

ば，製品 100 本が 1 箱に入っているとする．この中から 5 本をサンプリングする場合を考える．「適当に」サンプリングを行うと，箱の中の取りやすい場所にあるびんが選ばれることが多くなるだろう．上下 2 段に詰めてあるようなときには，下段からサンプリングをされることは少ないであろう．このようなサンプリングのかたよりを防ぐには，ランダムサンプリングが必要である．具体的な手順としては，あらかじめサンプリングの対象となるものすべてに番号をつけておき，乱数表や関数電卓などで発生させた乱数で得られた数の番号に当たったものをサンプルとして採取する．

　サンプルのとり方をいかに工夫しても，採取するたびにサンプルは異なるので，サンプル間のばらつきが生じる．また，サンプルの特性を測定する場合も，測定ごとに同じデータが出るとは限らず，測定のばらつきが生ずる．このようなばらつきについて，サンプル間のばらつきをサンプリング誤差，測定のばらつきを測定誤差と呼ぶ．

2.2　確率変数と確率分布

　母集団からサンプルをとるたびに，そのサンプルは異なり，値はばらつく．では，同じ母集団からとられたデータの一つひとつやその全体の様子には，何か性質や規則のようなものはないのだろうか．

　統計では，これらを確率変数とその分布である確率分布と呼ぶ．確率変数とは，「とってみないとわからない，とるたびに異なる値」のこと，分布は，「ば

らつきをもった集団の姿形」のことである．したがって確率分布は，「確率変数の集団としての性質や規則性を示すもの」ということになる．

2.2.1 連続型確率変数

質量，長さ，強度，時間などのように「はかる」量を計量値という．計量値はどこまでも細かく測定できるので，とり得る値が連続的であると考えられる．このような場合に用いられる確率変数を連続型確率変数といい，その分布を連続分布という（**図2.2**）．計量値の分布の代表的なものが正規分布である（**図2.3**）．

連続分布は確率密度関数 $f(x)$ を用いて表現され，以下のような性質がある．

1) $f(x) \geqq 0$

   確率は負の値をとらない．

2) ある区間 (a, b) にデータが入る確率を $\Pr(a < x \leqq b)$ とすれば，

   $$\Pr(a < x \leqq b) = \int_a^b f(x)dx$$

確率密度関数を積分することにより，確率変数 X が $a < x \leqq b$ となる確率を

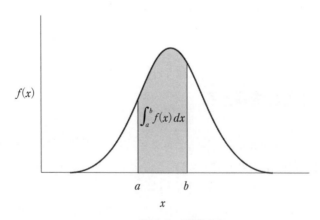

図 2.2　連続分布

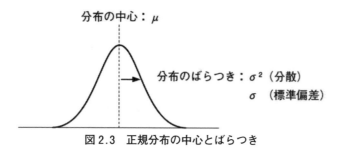

図2.3 正規分布の中心とばらつき

求める.

3) $\displaystyle\int_{-\infty}^{\infty} f(x)dx=1$

 X のとり得る値の範囲の全体での確率は1である.

2.2.2 離散型確率変数

 不適合品数(不良個数),不適合品率(不良率),不適合数(欠点数)などのように「かぞえる」量を計数値という.計数値は計量値と異なり離散的な値をとる.このような場合に用いられる確率変数を離散型確率変数といい,その分布を離散分布という.計数値の分布の代表的なものに二項分布,ポアソン分布がある.

 離散分布は,確率関数 p_i を用いて表現され,以下のような性質がある.

1) $p_i\geqq0,\ i=1,\ 2,\ \cdots$

 確率は負の値をとらない.

2) 確率変数 X が,x_i となる確率を P_i とすれば,

 $p_i=\mathrm{Pr}\,(X=x_i),\ i=1,\ 2,\ \cdots$

3) $\displaystyle\sum_i p_i=1$

 X のとり得る値の範囲の全体での確率は1である.

2.3 期待値と分散

 期待値と分散は,統計的手法で必ず用いられる基本的な概念であり,確率分

布においてはその分布の特徴を示す．これらの量を求めておけば，分布のおおよその様子を表すことができる．確率分布の中心を示すものが期待値(平均) $E(X)$ であり，確率分布のばらつきを示すものが分散 $V(X)$ である．

2.3.1　期待値

確率変数の期待値は確率変数の平均値と解釈できる．一般に母平均と呼び，μ で表す．

(1)　連続型確率変数の場合

品質特性が計量値である連続型確率変数の場合の期待値(平均) $E(X)$ は，以下のように求められる．

$$E(X)=\int_{-\infty}^{\infty}xf(x)dx=\mu$$

同様に，確率変数 X の関数 $g(X)$ の期待値も，

$$E\{g(X)\}=\int_{-\infty}^{\infty}g(x)f(x)dx$$

となる．

(2)　離散型確率変数の場合

品質特性が計数値である離散型確率変数の場合の期待値(平均) $E(X)$ は，以下のように求められる．

$$E(X)=\sum_{i=1}x_ip_i$$

同様に，確率変数 X の関数 $g(X)$ の期待値も，

$$E\{g(X)\}=\sum_{i=1}g(x_i)p_i$$

となる．

(3)　期待値の性質

期待値には下記の性質があり，極めて重要である．

X, Y を確率変数, a, b を定数とすると,

$$E(aX+b)=aE(X)+b$$

$$E(aX+bY)=aE(X)+bE(Y)$$

が成立する. すなわち, 以下が成り立つ.

- 確率変数を定数倍したものの期待値は, 元の期待値の定数倍となる
- 確率変数に定数を加減したものの期待値は, 元の期待値に定数を加減する
- 確率変数の和(差)の期待値は, それぞれの期待値の和(差)になる

2.3.2 分散

(1) 分散

分布のばらつきを表すものが分散である. ばらつきは期待値 μ からの偏差 $(X-\mu)$ を調べればよいが, $(X-\mu)$ の期待値は常に 0 になってしまうので, 偏差を 2 乗したものの期待値を X の分散として $V(X)$ と表す. 一般に, 確率変数の分散を母分散と呼び, σ^2 で表す.

$$V(X)=E\{(X-\mu)^2\}\sigma^2$$

また,

$$V(X)=E\{(X-\mu)^2\}=E(X^2)-\mu^2$$

と変形し, 分散の計算を行うことも多い.

(2) 標準偏差

分散は元のデータの単位の 2 乗となっているため, 元の単位に戻すために平方根をとる. これを標準偏差といい, $D(X)$ で表す. 確率変数の標準偏差を母標準偏差と呼び, σ で表す.

$$D(X)=\sqrt{V(X)}=\sqrt{E\{(X-\mu)^2\}}=\sigma$$

(3) 共分散

2 つの確率変数の関係を表す量に共分散がある. 共分散 $Cov(X, Y)$ は 2 つの確率変数 X, Y の偏差の積の期待値である.

$$Cov(X, Y) = E\{(X - \mu_X)(Y - \mu_Y)\}$$

また,

$$Cov(X, Y) = E(XY) - \mu_X \mu_Y$$

と変形し, 用いられることも多い.

共分散は, 2つの確率変数が互いに独立ならば0になる. ここで独立とは, 互いに影響しないことである.

(4)　分散の性質

分散には下記の性質がある.

X, Yを確率変数, a, bを定数とすると,

$$V(aX + b) = a^2 V(X)$$

が成立する. すなわち, 分散は期待値の場合と異なり, 確率変数Xに定数を加えても変わらない. また, 分散は元の単位の2乗の単位となっているので, 倍率が2乗で効いてくることに注意する.

さらに, 確率変数の和の分散は,

$$V(aX + bY) = a^2 V(X) + b^2 V(Y) + 2ab Cov(X, Y)$$

となる. 特にXとYが互いに独立であれば, $Cov(X, Y) = 0$なので,

$$V(aX + bY) = a^2 V(X) + b^2 V(Y)$$

となる. この式から, 分散はX, Yが互いに独立な確率変数の場合には,

$$V(X + Y) = V(X) + V(Y)$$

$$V(X - Y) = V(X) + V(Y)$$

が成り立つ.

確率変数の和の分散はそれぞれの確率変数の分散の和に, 確率変数の差の分散もそれぞれの確率変数の分散の和になるのである. これを分散の加法性といい, 極めて重要な性質である.

X, Yが互いに独立でない場合は,

$$V(X + Y) = V(X) + V(Y) + 2Cov(X, Y)$$

$$V(X - Y) = V(X) + V(Y) - 2Cov(X, Y)$$

となり，共分散 $Cov(X, Y)$ の項があるため，分散の加法性は成り立たない．

共分散は正，負いずれの場合もあるので，互いに独立な場合に比べて，確率変数の和の分散は大きくなることも小さくなることもある．

分散の性質をまとめると，以下となる．

- 確率変数を定数倍したものの分散は，元の分散に定数の2乗をかける
- 確率変数に定数を加減したものの分散は，元の分散と変わらない
- 独立な確率変数の和(差)の分散は，それぞれの分散の和(常に和)になる

2.4 母集団の分布

管理や調査の対象となる母集団は均一ではないが，確率分布の考えを取り入れれば，何か特徴や規則性のようなものが見えてきそうである．

そのためには，母集団の中心の位置(期待値・平均)と，その拡がり具合(ばらつき，分散)を推測することが，品質管理では極めて重要である．

母集団の期待値を母平均，分散を母分散と呼び，ともに母数という．

2.4.1 計量値の分布

(1) 正規分布

計量値の分布として最も重要で，一般的なものが正規分布である．正規分布は左右対称のひと山のベル形(富士山形)の分布を示す(図2.3)．

正規分布の確率密度関数 $f(x)$ は以下のようになり，定数 μ と σ によって分布の形が定まることがわかる．

$$f(x) = \frac{1}{\sqrt{2\pi}\sigma} e^{-\frac{(x-\mu)^2}{2\sigma^2}}$$

正規分布の期待値(平均)と分散は，

$$E(X) = \mu$$
$$V(X) = \sigma^2$$

となり，平均 μ，分散 σ^2 (標準偏差 σ) の確率分布である．

正規分布は $N(\mu, \sigma^2)$ と表現される.

(2)　標準正規分布

確率変数 X が $N(\mu, \sigma^2)$ に従うとき,X を $U=\dfrac{X-\mu}{\sigma}$ と変換すると,確率変数 U は $N(0, 1^2)$ に従う.この X を U に変換することを標準化(規準化)といい,μ を原点 0 とおき,σ 単位で目盛りをふる操作をしていることになる.

正規分布は μ と σ の組合せによって分布が無数にあるが,標準化を行うことによって,すべての正規分布は μ,σ に無関係な正規分布に変換される.この正規分布を標準正規分布といい,$N(0, 1^2)$ で表す(図 2.4).

【参考】

標準化については,期待値と分散の性質を用いて下記のように説明できる.

確率変数 X の期待値は $E(X)=\mu$,分散は $V(X)=\sigma^2$ なので,U の式を $U=\dfrac{X-\mu}{\sigma}=\dfrac{1}{\sigma}X-\dfrac{\mu}{\sigma}$ と変形すると,確率変数 U の期待値と分散は,

$$E(U)=\frac{1}{\sigma}E(X)-\frac{\mu}{\sigma}=\frac{\mu}{\sigma}-\frac{\mu}{\sigma}=0$$

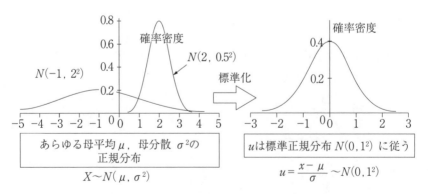

図 2.4　標準正規分布

$$V(U) = \frac{1}{\sigma^2} V(X) = \frac{\sigma^2}{\sigma^2} = 1^2$$

となる.

(3) 正規分布表

標準正規分布において, 標準化された確率変数 U がある値以上となる確率(上側確率)が P である値を K_P として, K_P と P の関係を表にしたものが正規分布表(Ⅰ)・(Ⅱ)(**付表1**)である. これらの表を用いて任意の正規分布について確率を求めることができる.

(4) 正規分布表の見方

正規分布表には,「K_P から P を求める表」,「P から K_P を求める表」などがある. いずれも $K_P \geqq 0$ の範囲しか記載がないが, 標準正規分布は $u=0$ に対して左右対称なので, 下側確率(確率変数がある値以下となる確率)P に対応する値は $-K_P$ と求める.

1) 正規分布表(Ⅰ) K_P から P を求める表

表の左の見出しは, K_P の値の小数点以下1桁目までの数値を表し, 表の上の見出しは, 小数点以下2桁目の数値を表す. 表中の値は P の値を表す. 例えば, $K_P=1.96$ に対応する P の値は, 表の左の見出しの 1.9* と, 表の上の見出しの 6 が交差するところの値 0.0250 を読み, $P=0.0250$ と求める(**図2.5**).

2) 正規分布表(Ⅱ) P から K_P を求める表

表の左の見出しは, P の値の小数点以下1桁目または2桁目までの数値を表

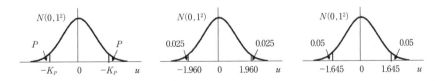

図2.5　正規分布表(Ⅰ)・(Ⅱ)を用いた正規分布の確率の求め方

し，表の上の見出しは，小数点以下2桁目または3桁目の数値を表す．表中の値はK_Pの値を表す．例えば，$P=0.05$に対応するK_Pは，表の左の見出しの0.0^*と，表の上の見出しの5が交差するところの値1.645を読み，$K_P=1.645$と求める(**図2.5**).

　この表では，$P=0.025$の値を読むことはできないので，正規分布表(I)を用いて，1)で示した逆の手順により，$P=0.0250$に対応するK_Pの値を，$K_P=1.96$と求める．

(5)　正規分布の確率

　確率変数の値xからその上側確率Pを求めるには，$u=(x-\mu)/\sigma$によって標準正規分布に変換し，正規分布表(I)の$K_P=u$から上側確率Pを求める．

　また，上側確率Pから確率変数の値xを求めるには，正規分布表(II)の上側確率Pから$K_P=u$を求め，$x=\mu+u\sigma$によって元の分布に変換する．

2.4.2　計数値の分布

(1)　二項分布

　計数値である不適合品率や不適合品数は，二項分布に従う．母不適合品率Pの工程からサンプルをn個ランダムに抜き取ったとき，サンプル中に不適合品がx個ある確率P_xは，

$$P_x={}_nC_xP^x(1-P)^{n-x}=\frac{n!}{x!(n-x)!}P^x(1-P)^{n-x}$$

となる．二項分布の期待値(平均)と分散は，

$$E(X)=nP$$
$$V(X)=nP(1-P)$$

となる．

(2)　ポアソン分布

　二項分布において，$nP=m$を一定にしてサンプルの大きさnを無限大にし

たときの分布をポアソン分布という．一定の大きさの製品中に見られる不適合数や1日当たりの事故件数などがポアソン分布に従う．ポアソン分布の確率は，

$$P_x = e^{-m}\frac{m^x}{x!} \quad (x=0,\ 1,\ 2,\ \cdots ;\ m>0)$$

となる．ポアソン分布の期待値(平均)と分散は，

$$E(X)=m$$
$$V(X)=m$$

となる．

2.5 基本統計量

母集団の推測を具体的に行うことを考える．母集団から正しくサンプリングが行われていれば，サンプルのデータは母集団のデータを映しているはずである．よって，母集団と同じようにサンプルのデータに対して平均値や分散を求める．このとき，サンプルのデータから得られた数値を統計量と呼ぶ(**図2.6**)．

統計では，同じ平均を表すものでも，母数の母平均とサンプルから得られた統計量である平均値とは厳格に区別する．統計量の代表的なものに，中心を表す平均値，ばらつきを表す不偏分散，標準偏差などがある．

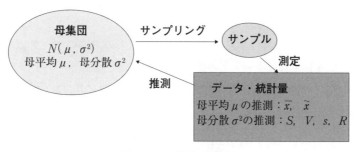

図2.6 母集団の推測

2.5.1　分布の中心を表す基本統計量

(1)　平均値 $\bar{x}$

平均値は，最も基本的な統計量で，算術平均ともいう．

　　　　平均値 = データの総和/データの数

で求めることができる．

n 個のデータを x_1, x_2, x_3, $\cdots x_n$ とすると，次の式によって平均値 $\bar{x}$ を求めることができる．

$$\bar{x}=\frac{x_1+x_2+\cdots+x_n}{n}=\frac{\sum x_i}{n}$$

(2)　メディアン(中央値) $\tilde{x}$

メディアンは，得られたデータを大きさの順に並べ変えたときの中央の値である．データの数が奇数個のときは中央の値とし，偶数個のときは中央の2つの値の平均値とする．記号 $\tilde{x}$(または Me)で表される．一般的に，メディアンは平均値に比べ推定精度は劣るが，計算が簡便であることと，データに異常値(外れ値)がある場合に，その影響を受けないで分布の中心を知ることができるという利点がある．

2.5.2　分布のばらつきを表す基本統計量

(1)　平方和 S

データのばらつき具合を見るには，まずは，おのおののデータ x_i と平均値 $\tilde{x}$ との差に注目すればよい．この差 $(x_i-\tilde{x})$ を偏差と呼ぶ．

しかし偏差の総和は，以下の式でもわかるように常に0になってしまうので，ばらつきの尺度にはならない．

$$\sum (x_i-\bar{x})=\sum x_i-n\bar{x}=\sum x_i-n\frac{\sum x_i}{n}=\sum x_i-\sum x_i=0$$

そこで，偏差を2乗したものの和を平方和 S とし，

　　　　平方和 =(各データの値 － 平均値)²の和

で求める．数式で表すと，

$$S=(x_1-\bar{x})^2+(x_2-\bar{x})^2+\cdots+(x_n-\bar{x})^2=\sum(x_i-\bar{x})^2$$

となる．

また，この式を変形すると，

$$S=\sum(x_i-\bar{x})^2=\sum x_i^2-2\sum x_i\cdot\bar{x}+\sum\bar{x}^2=\sum x_i^2-2\bar{x}\sum x_i+\bar{x}^2\sum1$$

$$=\sum x_i^2-2\frac{\sum x_i}{n}\cdot\sum x_i+n\left(\frac{\sum x_i}{n}\right)^2=\sum x_i^2-\left(\frac{\sum x_i}{n}\right)^2$$

となり，

平方和 ＝（各データの値）²の和 －（各データの和）²/データ数

と求めることもできる．多くのデータから計算する場合には，この方法が便利であることが多い．平方和 S は分布の平均値から離れたデータが多いほど値が大きくなる．したがって，ばらつきが大きい場合には平方和の値も大きくなる．

注：平方和は偏差平方和とも呼ばれる．

(2) 分散 V

平方和 S は，データのばらつきを表す統計量であるが，式からもわかるようにデータの数が大きくなると S の値も大きくなってしまう．同じ母集団から採取されたデータであるにもかかわらず，データの数によってばらつきの値が異なるのは不都合である．

そこで，データの数の影響を受けない尺度として分散 V を用いる．

分散 ＝ 平方和/（データ数 －1）

で求める．数式で表すと，

$$V=\frac{S}{n-1}=\frac{\sum(x_i-\bar{x})^2}{n-1}=\frac{\sum x_i^2-\frac{(\sum x_i)^2}{n}}{n-1}$$

となる．

ここで，なぜ（データ数）ではなく（データ数 －1）なのかについて触れる．分

散を求めるには，n 個のデータから平均を求め，各データの偏差 $x_1-\bar{x}$，…，$x_n-\bar{x}$ を計算する．偏差の合計は必ず $(x_1-\bar{x})+\cdots+(x_n-\bar{x})=0$ なので，偏差のうち任意の $(n-1)$ 個を定めれば，残りの1つは決まってしまう．したがって，n 個の偏差のうち独立なものは $(n-1)$ 個となる．これを自由度という．分散の式を自由度を使って表すと，

**　　　　　分散 ＝ 平方和/自由度**

となる．また，このようにして求めた値のほうが平方和を n で割った値よりも，母分散の値に近いことが知られている．よって，この値を不偏分散と呼ぶことがある．

(3)　標準偏差 s

　平方和も分散も元のデータの2乗の形になっているので，その単位も元のデータの2乗になっている．これは平均値や元のデータと比較する場合には不都合である．

　そこで，分散 V の正の平方根をとり元のデータの単位に戻した標準偏差 s を用いる．

**　　　　　標準偏差 ＝ 分散の平方根**

で求める．数式で表すと，

$$s=\sqrt{V}=\sqrt{\frac{S}{n-1}}=\sqrt{\frac{\sum(x_i-\bar{x})^2}{n-1}}=\sqrt{\frac{\sum x_i^2-\dfrac{(\sum x_i)^2}{n}}{n-1}}$$

となる．

(4)　範囲 R

　1組のデータの中の最大値と最小値の差を範囲 R と呼ぶ．

**　　　　　範囲 ＝ 最大値 － 最小値**

で求める．数式で表すと，

$$R=x_{\max}-x_{\min}$$

となる.

範囲も分布のばらつきを表す統計量であり，簡便に求めることができるという特徴がある．しかし，最大値と最小値以外のデータは直接用いられないので，データ数が多くなってくると，標準偏差に比べばらつきの尺度としての推定精度が悪くなる．したがって，通常，データ数が10以下のときに用いられる.

(5)　変動係数 CV

標準偏差と平均値の比を変動係数 CV といい，通常，パーセントで表す.

変動係数 ＝(標準偏差/平均値)×100

で求める．数式で表すと，

$$CV = \frac{s}{\bar{x}} \times 100 \quad (\%)$$

となる．平均値に対するばらつきの相対的な大きさを表すのに用いる指標となる．ばらつきの程度が同じでも，平均値が小さければ，相対的に大きく変動していると考える.

(6)　工程能力指数

製品の品質を管理し改善するためには，その製品を製造する工程の実態をよく知る必要がある．工程が安定状態であるのか，製品の品質がその規格値に対して満足している状態なのかなど，工程のもつ質的な能力の把握が重要である．この工程のもつ製品の質的能力を工程能力という．工程能力を把握する方法として，工程のばらつきの大きさの製品規格の幅に対する関係を表す工程能力指数 C_p が用いられる.

1)　工程能力指数の求め方

工程能力指数の求め方を**図2.7**に示す.

S_U は規格の上限値，S_L は規格の下限値を示す.

両側に規格がある場合は，規格の幅(規格の上限値 － 規格の下限値)を標準偏差の6倍で割った値が工程能力指数 C_p となる.

① 両側規格の場合：

$$C_p = \frac{S_U - S_L}{6s}$$

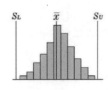

② 片側規格の場合：

$$C_p = \frac{\bar{x} - S_L}{3s}, \quad C_p = \frac{S_U - \bar{x}}{3s}$$

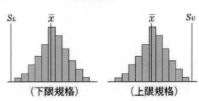

（下限規格）　　　（上限規格）

③ 両側規格で分布のかたよりを考慮した場合：

$$C_{pk} = \left(\frac{\bar{x} - S_L}{3s}, \frac{S_U - \bar{x}}{3s} \right) の小さいほう$$

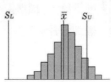

図2.7　工程能力指数の求め方

　例えば重量 100 g 以上や不純物 0.2% 以下などのように，規格が片側にしか
ない片側規格の場合は，平均値に対して規格のある側で求めればよい．

　工程の平均値が簡単に調整できないような場合は，両側規格であっても工程
のばらつきだけで工程能力を評価するのは適当とはいえない．このような場合
は，工程平均の位置と規格の中心の位置のずれ，すなわちかたよりを考慮する
必要がある．かたよりを考慮した工程能力指数 C_{pk} は，平均値が近いほうの規
格に対して片側規格の場合と同様に求めることができる．

　なお，C_{pk} は必ず C_p と等しいか，C_p より小さい値をとる．

2) 工程能力指数の解釈

　工程能力指数の値に応じて，一般に表2.1のような解釈を行い，それに応じ
た処置がなされる．

　注：本章では，工程能力指数 C_p を統計量として扱ったが，これを母数とし

　　　て扱うこともある．この場合，$C_p = \dfrac{S_U - S_L}{6\sigma}$ と考える．しかしながら，

表 2.1 工程能力指数の解釈と処置

工程能力指数	解釈	処置
$C_p > 1.67 \left(= \dfrac{5}{3} \right)$	場合によっては，工程能力は十分すぎる	品質のばらつきが少し大きくなっても問題ないので，管理の簡素化やコスト低減に注力する．
$1.67 \geqq C_p > 1.33 \left(= \dfrac{4}{3} \right)$	工程能力は十分にある	理想的な状態なので維持する．
$1.33 \geqq C_p > 1.00$	まずまずの工程能力	工程管理をしっかり行い，管理状態を保つ．C_p が 1 に近づくと不適合品発生のおそれがあるので，必要に応じて処置をとる．
$1.00 \geqq C_p > 0.67 \left(= \dfrac{2}{3} \right)$	工程能力は不足している	工程の改善を必要とする．不適合品を検査で取り除く必要がある．
$0.67 \geqq C_p$	工程能力は非常に不足しており，規格を満足しない	緊急に品質の改善対策を必要とする．規格の再検討を要する．

　一般に σ は未知であるので，σ の推定値として標準偏差 s で置き換えることになる．s を求める際には，安定した工程から多くのデータを用いて計算すべきである．

2.6 統計量の分布

　ある母集団からサンプルを抜き取り得られたデータの平均値や分散は，一定の値ではなく，サンプリングのたびにばらつく．これらはサンプルから得られた数値であるので，統計量である．サンプルがランダムサンプリングにより，確率的に公平になるような方法で抜き取られていれば，統計量も 1 つの確率分布に従う．

2.6.1　サンプルの平均 $\bar{x}$ の分布（正規分布）（母分散 σ^2 既知）

　正規分布に従う母集団 $N(\mu,\ \sigma^2)$ からランダムに抜き取られた大きさ n のサンプルの平均値 $\bar{x} = \dfrac{1}{n}\sum x_i$ は，平均 μ，分散 $\dfrac{\sigma^2}{n}$ の正規分布に従う．

　これは，期待値 $E(x)$ と分散の性質 $V(x)$ を用いて容易に導くことができる．$E(x) = \mu,\ \bar{x} = \dfrac{1}{n}(x_1 + x_2 + \cdots + x_n)$ なので，期待値の性質から，

$$E(\bar{x}) = \left(\frac{1}{n}\right)(E(x_1) + E(x_2) + \cdots + E(x_n)) = \left(\frac{1}{n}\right)n\mu = \mu$$

となる．また，$V(x) = \sigma^2,\ \bar{x} = \dfrac{1}{n}(x_1 + x_2 + \cdots + x_n)$ なので，分散の性質から，

$$V(\bar{x}) = \left(\frac{1}{n}\right)^2(V(x_1) + V(x_2) + \cdots + V(x_n)) = \left(\frac{1}{n}\right)^2 n\sigma^2 = \frac{\sigma^2}{n}$$

となる．

　$\bar{x} \sim N(\mu,\ \dfrac{\sigma^2}{n})$ なので，$u = \dfrac{\bar{x} - \mu}{\sqrt{\sigma^2/n}}$ とおくと（正規分布の標準化をしていることに注意），u は標準正規分布 $N(0,\ 1^2)$ に従い，

$$u = \frac{\bar{x} - \mu}{\sqrt{\sigma^2/n}} \sim N(0,\ 1^2)$$

となる．

　これらを用いると，正規分布表（付表1）を使って，$\bar{x}$ がある値以上または以下の値をとる確率を求めることができる（図2.8）．

2.6.2　サンプルの平均 $\bar{x}$ の分布（t 分布）（母分散 σ^2 未知）

　2.6.1項において，

$$u = \frac{\bar{x} - \mu}{\sqrt{\sigma^2/n}} \sim N(0,\ 1^2)$$

であったが，母分散 σ^2 が未知の場合，σ^2 を統計量である分散 V で置き換えて，

$$t = \frac{\bar{x} - \mu}{\sqrt{V/n}}$$

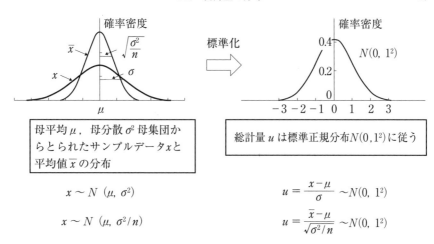

図2.8　x, $\bar{x}$ の分布と標準正規分布

とおくと，t は自由度 $\phi = n-1$ の t 分布に従う．

　すなわち，正規分布に従う母集団 $N(\mu, \sigma^2)$ からランダムに抜き取られた大きさ n のサンプルの平均値を $\tilde{x}$，分散を V とすると，

$$t = \frac{\bar{x} - \mu}{\sqrt{V/n}}$$

は自由度 $\phi = n-1$ の t 分布に従う．

2.6.3　t 表とその見方

　自由度 ϕ の t 分布に従う確率変数 t と両側確率 P の関係を表にしたものが t 表（付表2）である．

1)　表の左右の見出しは，自由度 ϕ の値を表し，表の上の見出しは，両側確率 P の値を表す．表中は対応する t の値を表す．例えば，$\phi = 15$，$P = 0.05$ に対応する t の値は，表の左右の見出しの 15 と，表の上の見出しの 0.05 が交差するところの値 2.131 を読み，$t(15, 0.05) = 2.131$ と求める．

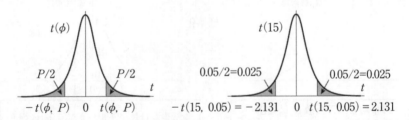

*正規分布表と異なり，t表は両側確率で表示されていることに注意．ただし，数値表はさまざまな種類があり，中には片側確率で表示されているものもある．

図2.9　t表を用いたt分布の確率の求め方

2)　t分布も$t=0$に対して左右対称なので，$\phi=15$，下側確率（下片側確率）0.025に対応するtの値は，$-t(15,\ 0.05)=-2.131$となる（図2.9）．

2.6.4　平方和Sの分布（χ^2分布）

平方和Sは，サンプルのばらつきを表す統計量の一つである．

$$S=\sum (x_i-\bar{x})^2$$

サンプルの大きさと母分散が，大きくなるほどSも大きくなる．Sを母分散σ^2で割って，

$$\chi^2=\frac{S}{\sigma^2}$$

とおくと，χ^2（カイ2乗）の分布となる．

正規分布に従う母集団$N(\mu,\ \sigma^2)$からランダムに抜き取った大きさnのサンプルの平方和をSとすると，

$$\chi^2=\frac{S}{\sigma^2}$$

は自由度$\phi=n-1$のχ^2分布に従う．

2.6.5　χ^2表とその見方

自由度ϕのχ^2分布に従う確率変数χ^2と上側確率Pの関係を表にしたものが，χ^2表（**付表3**）である．

1)　表の左右の見出しは，自由度ϕの値を表し，表の上の見出しは，上側

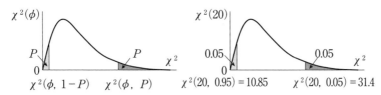

* 正規分布や t 分布と異なり，χ^2 分布は左右非対称なので上側確率で表示されている．下側確率は(1−上側確率)と求めることに注意．

図 2.10　χ^2 を用いた χ^2 分布の確率の求め方

確率 P の値を表す．表中は対応する χ^2 の値を表す．例えば，$\phi=20$，$P=0.05$ に対応する χ^2 の値は，表の左右の見出しの 20 と，表の上の見出しの 0.05 が交差するところの値 31.4 を読み，$\chi^2(20, 0.05)=31.4$ と求める（**図 2.10**）．

2)　下側確率に対応する χ^2 の値を求める場合を考える．例えば，$\phi=20$，下側確率 0.05 に対応する χ^2 の値は，上側確率 $P=1-0.05=0.95$ に対応する χ^2 の値と等しくなるので，$\chi^2(20, 0.95)=10.85$ と求めればよい（図 2.10）．

2.6.6　分散の比の分布（F 分布）

正規分布に従う 2 つの母集団 $N(\mu_1, \sigma_1)$ および $N(\mu_2, \sigma_2)$ から大きさがそれぞれ n_1 および n_2 のサンプルをランダムに抜き取って分散 V_1，V_2 を求める．

$$F=\frac{V_1/\sigma_1^2}{V_2/\sigma_2^2}$$

は自由度対 $(\phi_1, \phi_2)=(n_1-1, n_2-1)$ の F 分布に従う．

2.6.7　F 表とその見方

自由度対 (ϕ_1, ϕ_2) の F 分布に従う確率変数 F と上側確率 P の関係を表にしたものが F 表（**付表 4，付表 5**）である．

1)　P の値によって，それぞれの表が用意されているので，求めたい P の

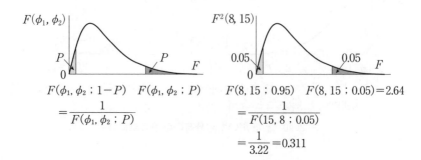

図 2.11　F 表を用いた F 分布の確率の求め方

　値によって F 表を選択する.

2)　表の上下の見出しは,分子の自由度 ϕ_1 の値を,表の左右の見出しは,
分母の自由度 ϕ_2 の値を表す.表中は対応する F の値を表す.例えば,
$\phi_1=8$,$\phi_2=15$,$P=0.05$ に対応する F の値は,まず,F 表$(0.05\quad 0.01)$
を選び,表の上下の見出しの 8 と,表の左右の見出しの 15 が交差すると
ころの 2 つの値のうち,上段の細字の値 2.64 を読み,$F(8,15;0.05)$
$=2.64$ と求める(**図 2.11**).下段の太字の値 4.00 は $P=0.01$ の場合で,F
$(8,15;0.01)=4.00$ となる.

3)　下側確率に対応する値は掲載されていないが,上側確率に対応する値か
ら,$F(\phi_1,\phi_2;1-P)=1/F(\phi_2,\phi_1;P)$ の関係(右辺の分母において自由度
が逆であることに注意)により求める.例えば,$F(8,15;0.95)=1/F(15,$
$8;0.05)=1/3.22=0.311$ となる(図 2.11).

第 3 章

検定と推定

　品質管理を行ううえで重要な目的の一つは，母集団に関する調査であった．では，その調査の結果をどう表すのだろうか？

　製造工程における調査なら，「Q 製品製造工程における製品寸法の平均値は10.00mm である」，「R 工場の設備更新後の不適合品率は減少した」などだろうか．

　しかし，これらの調査結果は，いずれも対象となる母集団をすべて調べたものではなく，サンプルの調査や測定から得られた情報である．ということは，先に何度も述べたようにサンプルはとるたびに違うものだから，これらの結果は，「たまたま今回そうなっただけでは？」といわれるかもしれない．

　誰が見ても問題のない，誰もが納得してくれる結果報告をしたいものである．職場の上司やお客様にも，堂々と報告できる調査結果の導き方，それがすなわち検定・推定の極意といえる．

3.1　検定

3.1.1　検定とは

　検定は「母集団の平均は従来とは異なる」，「新たな工程では不純物量が減少した」などといった母集団に関することをサンプルから得られたデータで判断するものである．

　以下に手順とその基本的な考え方を示す．

1)　はじめに主張したい結論を掲げる．もちろんこの段階では，その結論が正しいかどうかわからないので仮説となる．仮説は誤っているかもしれないので，はじめに立てた仮説を否定する仮説も同時に用意しておく．

　　　先の例でいえば，「仮説 A：母集団の平均は従来と異なる」とそれを否定する「仮説 B：母集団の平均は従来と等しい」という 2 つの仮説になる．

2)　仮説を判定するのだから間違うことがある．仮説が 2 つあるので間違い方も 2 種類考えられる．すなわち，「本当は仮説 B が正しいのに仮説 A が正しいと判定してしまう間違い」と「本当は仮説 A が正しいのに仮説 B

が正しいと判定してしまう間違い」である.

間違いがしょっちゅう起こっては信用をなくすので，これらの間違いが起こる確率をあらかじめ決めておく．この確率は，通常5％や1％といった小さい値が使われる.

では，結論としていいたいのは仮説Aであったから，「本当は仮説Bが正しいのに仮説Aが正しいと判定してしまう間違い」の確率を5％としておこう．こうしておけば，仮説Aが正しいという判定が出たときに，「その判定が誤っている確率は5％という小さな確率で，めったに起こらない」ということがいえる．逆にいうと，その判定結果は概ね信用してよいというお墨付きが与えられることになる.

3) いよいよサンプルをとって，得られたデータの平均値を求める．その前に，このサンプルは仮説Bの母集団(すなわち従来と同じ平均をもつ集団)からとられたものとすれば(仮説Bが正しいとすれば)，**第3章**で述べたとおり，平均値はどのような分布をするのかを知ることができる．さらにこれを正規分布の標準化をすれば標準正規分布に従うので，これを判定の基準にすればよいのである．正規分布表(付表1)を使えば，この標準正規分布の値とそのときの確率の関係を知ることができるので，めったに起こらない(すなわち小さな確率)正規分布の値がわかる．この値を「めったに起こらないこと」と判定する境界にすればよい.

4) サンプルから得られたデータを計算した平均値などを使って標準正規分布の値を計算し，先ほどの境界の値と比べる.

境界を越えたとすれば，それは「めったに起こらないことが起こっている」という状況を示すことになる.

しかし，ここはそうは考えずに，「最初の仮説に理由がありそうだ」と考えるほうがよさそうである.

なぜなら，母集団から正しくサンプルをとり，そのサンプルから平均値を求め，その分布を決めるという一連の流れは，いつ誰がやっても同じようにでき，同じ結果になるはずだからである.

　では，「最初の仮説に理由がある」とはどういうことか考えてみよう.

　今回の場合，仮説Bが正しいということを前提に進めてきたので，「仮説Bを正しいとしたことが間違いだった」とすれば自然である. すなわち，「母集団の平均は従来と等しい」ということが否定されたことになり，もう一つの仮説である仮説Aの「母集団の平均は従来と異なる」が正しかったということになる.

　　これは最初に掲げた結論と同じであり，思惑どおりの結論を導くことができた.

もちろん，いつもこううまくはいかない. 境界から外れない場合もある. この場合は，最初に掲げた結論は正しいとはいえないので，「母集団の平均値は従来と異なるとはいえない」という結論になる.

3.1.2　検定の手順

(1)　検定の概要

　先に示した検定の基本的な考え方に沿って，もう一度検定の概要を整理する. 検定では，普段聞きなれない統計独特の用語を用いるので，その点にも注意してほしい.

　検定とは，母集団の分布に関する仮説を統計的に検証するものである. サンプルやそのデータを検証するものではなく，母集団に関する仮説を，データを用いて検証することが目的である.

　検定においては，主張したいことを対立仮説（H_1 と表現する）に置き，この仮説を否定する仮説を帰無仮説（H_0 と表現する）とする. 対立仮説には，両側仮説と片側仮説とがあり，それぞれの場合の検定を両側検定，片側検定という.

　帰無仮説が真であるにもかかわらず，対立仮説が真であると判断してしまう誤りを，第1種の誤り（過誤），またはあわてものの誤りと呼び，その確率を有意水準，危険率などといい，記号 α で表す. これに対し，対立仮説が真であるにもかかわらず，帰無仮説が真であると判断してしまう誤りを，第2種の誤り（過誤），またはぼんやりものの誤りと呼び，その確率を記号 β で表す. 一

般に α を大きくすると β は小さくなり，α を小さくすれば β は大きくなる．また，検定では，対立仮説が真のときにそれを正しく検出できることが重要である．この確率は $(1-\beta)$ となり，検出力という．表3.1に検定の仮説の判断の正誤と誤りの確率について整理する．

検定における有意水準(危険率)α とは，帰無仮説が成り立っている場合に，「めったに起こらない」と判断する確率であり，一般的には5%や1%といった小さい値に設定される．したがって，データから求めた検定統計量が，有意水準から求めた棄却域に入った場合は，「めったに起こらないことが起こった」とは考えずに，「元の仮定が間違っていた」と判断し，帰無仮説を棄却するのである．

図3.1に1つの母平均の検定(対立仮説：$\mu > \mu_0$，母分散既知の場合)における棄却域と，α，β，検出力$(1-\beta)$ の関係を示す．

検定においては，データから求めた検定統計量の値が棄却域に入ったとき，帰無仮説が棄却され，対立仮説が成り立っていると判断する．このとき，「検定結果は有意である」などと表現する．

棄却域 R とは，「帰無仮説を棄却すると判断する統計量の範囲」をいう．

- 両側検定では，棄却域が右，左両側(上側，下側という)にある．
- 片側検定では，棄却域が右(上側)または左(下側)のいずれかにある．図3.1は，片側検定で棄却域が右側(上側)の場合を示している．

表3.1　検定の仮説の判断の正誤と誤りの確率

真実＼判断	H_0 が正しい	H_1 が正しい
H_0 が真	○	× 第1種の誤り 確率：α(有意水準)
H_1 が真	× 第2種の誤り 確率：β	○ 検出力 確率：$(1-\beta)$

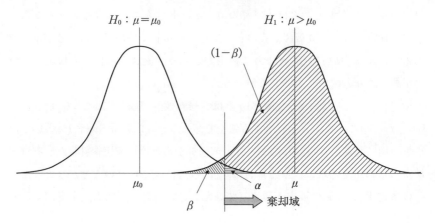

図3.1　母平均の検定における棄却域

・棄却域は，有意水準 α によって定まる．

　有意水準を5%とすると，正規分布は左右対称なので，両側検定の場合，上側に2.5%分，下側に2.5%分の棄却域を設ける必要がある．正規分布の上側2.5%点(本書では $u(0.05)$ と表現している)，および下側2.5%点($-u(0.05)$)が帰無仮説を棄却する限界値になる．また，片側検定の場合は，上側または下側に5%分の棄却域を設けるので，上側5%点($u(0.10)$)，または下側5%点($-u(0.10)$)が帰無仮説を棄却する限界値になる．

　検定統計量の値が棄却域に入らなかった場合は，「帰無仮説が正しい」とは表現せず，「対立仮説が正しいとはいえない」と表現する．これは先に述べた検出力がからんでおり，棄却域に入らなかったときには，「帰無仮説が正しい」場合の他に，「検出力が十分ではなかった」という可能性があるためである．サンプルの数が多くなれば検出力は大きくなるが，一方で時間やコストがかかるという問題が生じる．したがって，あらかじめ検出したい差と検出力を決めておいて，必要なサンプルの数を算定することも行われる．

　統計ソフトなどを使って検定を行うと，有意，有意でないに加えて，p 値というものが表示されることがある．p 値とは，統計量がサンプルのデータから

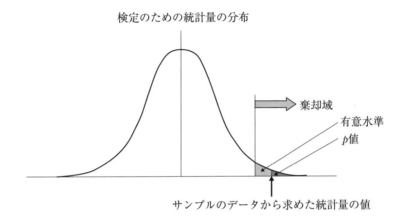

図 3.2　棄却域と p 値

計算した値よりも分布の中心から離れた側の値をとる確率を示す．例えば，p 値が 2% となっているなら，「帰無仮説が正しいとすると，サンプルのデータから計算した統計量の値は 2% という小さな確率でしか起こらない」ということを示している．したがって，有意水準と p 値を比べることでも検定の判断ができる．片側検定で有意になった場合の棄却域と p 値の関係を図 3.2 に示す．

(2)　検定の具体的な手順

　例として，母分散が既知の場合で 1 つの母平均 μ が比較する値 μ_0 とは異なるかどうかを検定する場合を考える．

手順 1　検定の目的の設定

　母分散が既知である 1 つの母集団の母平均について，母平均が変わったかどうかの検定を行う．

手順 2　帰無仮説 H_0 と対立仮説 H_1 の設定

$$H_0 : \mu = \mu_0$$

対立仮説には，

$H_1 : \mu \neq \mu_0$　（両側仮説）

$H_1 : \mu > \mu_0$　（片側仮説）

$H_1 : \mu < \mu_0$　（片側仮説）

の3つが考えられ，「検定によって何を主張したいか」によっていずれかを選ぶことになる．

- 特性値の母平均が変化したといいたい→ $H_1 : \mu \neq \mu_0$
- 性値の母平均が大きくなったといいたい→ $H_1 : \mu > \mu_0$
- 特性値の母平均が小さくなったといいたい→ $H_1 : \mu < \mu_0$

手順3　検定統計量の選定

1つの母平均の検定において，母分散が既知の場合の母集団は，正規分布 $N(\mu, \sigma^2)$ に従う．ここからランダムに抜き取られた大きさ n のサンプルの平均値 $\bar{x}$ は，正規分布 $N\left(\mu, \dfrac{\sigma^2}{n}\right)$ に従う．これを標準化した $u = \dfrac{\bar{x} - \mu}{\sqrt{\sigma^2/n}}$ は標準正規分布 $N(0, 1^2)$ に従う．

したがって，本検定における検定統計量は $u = \dfrac{\bar{x} - \mu}{\sqrt{\sigma^2/n}}$ である．

手順4　有意水準の設定

有意水準 α（第1種の誤りの確率）を設定する．一般には 0.05（5%）とするが，0.01（1%）とすることもある．

　注：有意水準は検定に先立って決めておく．検定統計量を計算してから，検定結果を有意になるよう，または有意にならないように変えることはすべきではない．

手順5　棄却域の設定

有意水準と対立仮説に応じた棄却域を設定する．

1つの母平均の検定で，対立仮説が $H_1 : \mu \neq \mu_0$ の両側検定のとき，標準正規分布の棄却域は，

$$R : |u_0| \geq u(\alpha) = u(0.05) = 1.960$$

となる．棄却域は R と表すことが多い．棄却域の値は，正規分布表（付表1）

から，両側確率が 0.05(上側確率で 0.025，下側確率で 0.025)になる正規分布の値を 1.960 と求めている（図 3.3）.

両側検定の場合には，上側と下側の両方に棄却域が設定されるので，検定統計量の値が 1.960 以上または −1.960 以下であれば有意と判断する.

手順6　検定統計量の計算

検定の対象となる母集団からランダムにサンプルを採取し，測定してデータを得る．データの平均値 $\bar{x} = \dfrac{1}{n}\sum x_i$ から，$u = \dfrac{\bar{x} - \mu}{\sqrt{\sigma^2/n}}$ の値を計算する.

手順7　検定結果の判定

計算した検定統計量の値を棄却域の値と比較し，検定の結果を判断する．棄却域に入っていれば有意であると判断し，入っていなければ有意ではないと判断する.

手順8　結論

検定の結果，有意であれば帰無仮説が棄却され，対立仮説が採択される．有意でない場合には，帰無仮説は棄却されない.

【参考】

帰無仮説は $H_0 : \mu = \mu_0$ などと，常にある値に等しい，とおいている．その理由を述べる.

検定では，帰無仮説 H_0 のもとで(帰無仮説が正しいとして)データから計算された検定統計量 u が，観測された値 u_0 を超える確率を求め，この確率が小さい値であったときに帰無仮説を棄却する(実際の手順は，有意水準 α のもと

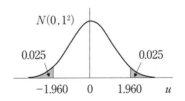

図 3.3　正規分布の棄却域

で仮説が棄却される棄却域($u(\alpha)$, $u(2\alpha)$ など)を正規分表などの数値表から読み, u_0 と比較している).

ここで, 帰無仮説 H_0 のもとで検定統計量 u が観測された値 u_0 を超える確率を求めるためには, $H_0 : \mu = \mu_0$ の場合しか正しく計算することができない ($\mu < \mu_0$, $\mu > \mu_0$ などでは, 分布を特定することができない).

以上の理由から, 帰無仮説は(片側検定の場合でも)不等号はつけず, $H_0 : \mu = \mu_0$ などとしている.

3.2 推定

3.2.1 推定とは

検定で得られる結論は, 「新たな工程の平均は従来と異なる」というようなものであった. これは重要な母集団に関する情報を与えてくれたのだが, 「変わった平均はどれくらい?」という指摘や問合せがやってくることは避けられないだろう. これに答えを出してくれるのが推定である.

推定については, 「検定と推定は2つで1つ」とか, 「検定を行ってから推定をしなくてはならない」とか, 「検定で有意でなければ推定には意味がない」などの言説もあるが, 検定と推定はまったく別物で, 検定だけ, 推定だけ行っても問題はない. 「視聴率調査」や「世論調査」の結果は, 実はこの推定であって, 後述する点推定の結果だけが重宝される場合も多い.

推定には点推定と区間推定がある. 点推定は, 「新たな工程の平均値は100.00kg と推定できる」というように, 1つの値で推定する. ところが, この推定値もサンプルをとるたびに異なる. サンプルの平均値がばらつくわけである. 推定値がどの程度信頼できるかということを, 区間を用いて「新たな工程の平均値は100.00 ± 1.00kg の範囲と推定できる」などと表現する. これが区間推定である.

検定で判定が間違う確率を定めたように, 区間推定では信頼区間というものを定める. この信頼区間の幅を決める値としては, 95%, 90%などが用いられ,

信頼率と呼ぶ.

　信頼率の意味は，サンプルをとって平均値などを計算し信頼区間を求めることを何度も何度も行った(誰もそんなことはしないだろうが)とした場合，得られたたくさんの信頼区間のうち，95%のものは真の平均(母平均)を含んでいる，という意味である(5%のものは真の平均を外している). 信頼率は$(1-\alpha)$と表す. 具体的には，検定統計量が$(1-\alpha)$の確率で含まれる正規分布などの値の範囲を求め，そこから逆算して真の平均が$(1-\alpha)$の確率で含まれる範囲を求めている.

3.2.2　推定の手順

(1)　推定の概要

　推定とは，対象とする母集団の分布の母平均や母分散といった母数を推定するものである. 1つの推定量により母数を推定する点推定と，区間を用いて推定する区間推定がある.

　点推定とは，母平均μや母分散σ^2などを1つの値で推定することであり，不偏推定量である平均値$\bar{x}$，分散Vなどがよく用いられる.

　区間推定とは，推定値がどの程度信頼できるかを，区間を用いて推定する方法であり，信頼率$(1-\alpha)$を定めて推定する. 信頼率は，一般的には95%(0.95)または90%(0.90)を用いる. 「保証された信頼率で母数を含む区間」である信頼区間，すなわち信頼区間の上限値(信頼上限)と下限値(信頼下限)である信頼限界を求める.

(2)　推定の具体的な手順

　例として，母分散が既知の場合で1つの母平均μに関する場合を考える.

手順1　点推定

　母平均μを点推定すると，

$$\hat{\mu}=\bar{x}$$

となる.

注：記号 ∧ はハットと呼び，母数の推定値であることを表す．この場合は
　　ミューハットと呼ぶ．

手順2　区間推定

　母分散が既知の場合の母平均 μ の信頼率 95% の区間推定は，

$$統計量\ u=\frac{\bar{x}-\mu}{\sqrt{\sigma^2/n}}$$

が標準正規分布 $N(0, 1^2)$ に従うので，$u=\dfrac{\bar{x}-\mu}{\sqrt{\sigma^2/n}}$ の値が，下側 2.5% 点
$(-u(0.05))$ と上側 2.5% 点 $(u(0.05))$ の間にある確率が $(1-0.05)$ であること
から，

$$\Pr\left(-u(0.05)<\frac{\bar{x}-\mu}{\sqrt{\sigma^2/n}}<u(0.05)\right)=1-0.05=0.95$$

　注：$\Pr(*)$ とは，$*$ の事象が起こる確率を表す記号である．
となり，これを解いて，

$$信頼上限：\mu_U=\bar{x}+u(0.05)\sqrt{\frac{\sigma^2}{n}}=\bar{x}+1.960\sqrt{\frac{\sigma^2}{n}}$$

$$信頼下限：\mu_L=\bar{x}-u(0.05)\sqrt{\frac{\sigma^2}{n}}=\bar{x}-1.960\sqrt{\frac{\sigma^2}{n}}$$

となる．

3.3　計量値の検定と推定

3.3.1　計量値の検定と推定の種類

　計量値データに基づく検定と推定には多くの種類がある．表 3.2 に 1 つまた
は 2 つの母集団に関する検定方法および推定方法についてまとめる．

3.3.2　計量値の検定と推定の実際

(1)　1 つの母平均の検定と推定（母分散既知）

　以下の例題によって，母分散が既知の場合の 1 つの母平均の検定と推定の手

順を示す．なお，母分散が既知であるということは一般的にはありえない．しかしながら，長期にわたって安定状態にある工程では，過去の多くのデータから σ^2 を推定し，これを母分散として扱うことがある．

【例題】

従来，金属繊維製品の引張強度の母平均は 1000 (MPa)，母分散は 50^2 (MPa^2) であった．今回，引張強度の向上を目的に合金成分の変更を行った．変更後の製品からランダムに選んだ 10 個のサンプルの引張強度を測定したところ，下記のデータを得た．母分散は変化しないものとして，引張強度が向上したかどうか検討する．

データ：985　1042　1062　1080　1003　1078　982　979　1058　1071

（単位：MPa）

【解答】

1)　検定

手順1　検定の目的の設定

母分散が既知である1つの母集団の母平均について，母平均が大きくなったかどうかの片側検定を行う．

手順2　帰無仮説 H_0 と対立仮説 H_1 の設定

母平均が大きくなったといいたいので，対立仮説を $H_1 : \mu > \mu_0$ とする．

$$H_0 : \mu = \mu_0 \quad (\mu_0 = 1000)$$

$$H_1 : \mu > \mu_0$$

手順3　検定統計量の選定

母分散が既知の場合の検定統計量は，前述のように，

$$u_0 = \frac{\bar{x} - \mu_0}{\sqrt{\sigma^2/n}} \sim N(0, 1^2)$$

となる．

表 3.2 計量値データに基づく検定と推定一覧

母集団の数	検定と推定の目的	母分散の情報	統計量の分布	検定統計量	対立仮説と棄却域	推定
1	母平均 μ に関する検定と推定	母分散 σ^2 が既知	標準正規分布	$u_0 = \dfrac{\bar{x} - \mu_0}{\sqrt{\sigma^2/n}}$	$H_1: \mu \neq \mu_0 \Rightarrow R: |u_0| \geq u(\alpha)$ $H_1: \mu > \mu_0 \Rightarrow R: u_0 \geq u(2\alpha)$ $H_1: \mu < \mu_0 \Rightarrow R: u_0 \leq -u(2\alpha)$	$\bar{x} \pm u(\alpha)\sqrt{\dfrac{\sigma^2}{n}}$
1	母平均 μ に関する検定と推定	母分散 σ^2 が未知	t 分布	$t_0 = \dfrac{\bar{x} - \mu_0}{\sqrt{V/n}}$	$H_1: \mu \neq \mu_0 \Rightarrow R: |t_0| \geq t(\phi, \alpha)$ $H_1: \mu > \mu_0 \Rightarrow R: t_0 \geq t(\phi, 2\alpha)$ $H_1: \mu < \mu_0 \Rightarrow R: t_0 \leq -t(\phi, 2\alpha)$	$\bar{x} \pm t(\phi, \alpha)\sqrt{\dfrac{V}{n}}$
1	母分散 σ^2 に関する検定と推定	—	χ^2 分布	$\chi_0^2 = \dfrac{S}{\sigma_0^2}$	$H_1: \sigma^2 \neq \sigma_0^2 \Rightarrow R: \chi_0^2 \geq \chi^2(\phi, \alpha/2)$ または $\chi_0^2 \leq \chi^2(\phi, 1-\alpha/2)$ $H_1: \sigma^2 > \sigma_0^2 \Rightarrow R: \chi_0^2 \geq \chi^2(\phi, \alpha)$ $H_1: \sigma^2 < \sigma_0^2 \Rightarrow R: \chi_0^2 \leq \chi^2(\phi, 1-\alpha)$	$\hat{\sigma}^2 = V = \dfrac{S}{n-1}$ $\sigma_U^2 = \dfrac{S}{\chi^2(\phi, 1-\alpha/2)}$ $\sigma_L^2 = \dfrac{S}{\chi^2(\phi, \alpha/2)}$
2	母平均 μ_A と母平均 μ_B の差に関する検定と推定	母分散 σ^2 が既知	標準正規分布	$u_0 = \dfrac{\bar{x}_A - \bar{x}_B}{\sqrt{\dfrac{\sigma_A^2}{n_A} + \dfrac{\sigma_B^2}{n_B}}}$	$H_1: \mu_A \neq \mu_B \Rightarrow R: |u_0| \geq u(\alpha)$ $H_1: \mu_A > \mu_B \Rightarrow R: u_0 \geq u(2\alpha)$ $H_1: \mu_A < \mu_B \Rightarrow R: u_0 \leq -u(2\alpha)$	$(\bar{x}_A - \bar{x}_B) \pm u(\alpha)\sqrt{\dfrac{\sigma_A^2}{n_A} + \dfrac{\sigma_B^2}{n_B}}$

2	母平均 μ_A と母平均 μ_B の差に関する検定と推定 n_A と n_B の比または V_A と V_B の比が2倍以内なら、$\sigma_A^2 = \sigma_B^2$ とみなす 母分散 σ^2 が未知 $\sigma_A^2 = \sigma_B^2$ の場合	t 分布	$t = \dfrac{\bar{x}_A - \bar{x}_B}{\sqrt{V\left(\dfrac{1}{n_A}+\dfrac{1}{n_B}\right)}}$ ただし、$V = \dfrac{S_A+S_B}{n_A+n_B-2}$	$H_1: \mu_A \neq \mu_B \Rightarrow R: |t_0| \geq t(\phi, \alpha)$ $H_1: \mu_A > \mu_B \Rightarrow R: t_0 \geq t(\phi, 2\alpha)$ $H_1: \mu_A < \mu_B \Rightarrow R: t_0 \leq -t(\phi, 2\alpha)$ ただし、$\phi = n_A + n_B - 2$	$(\bar{x}_A - \bar{x}_B)$ $\pm t(\phi, \alpha)\sqrt{V\left(\dfrac{1}{n_A}+\dfrac{1}{n_B}\right)}$
2	母分散の比 $\dfrac{\sigma_A^2}{\sigma_B^2}$ に関する検定と推定	F 分布	—	$F_0 = \dfrac{V_A}{V_B}$	$H_1: \sigma_A^2 \neq \sigma_B^2 \Rightarrow$ $\quad R: F_0 \geq F(\phi_A, \phi_B ; \alpha/2)$ または、$F_0 \leq F(\phi_A, \phi_B ; 1-\alpha/2)$ $H_1: \sigma_A^2 > \sigma_B^2 \Rightarrow$ $\quad R: F_0 \geq F(\phi_A, \phi_B ; \alpha)$ $H_1: \sigma_A^2 < \sigma_B^2 \Rightarrow$ $\quad R: F_0 \leq F(\phi_A, \phi_B ; 1-\alpha)$	$\dfrac{\widehat{\sigma}_A^2}{\widehat{\sigma}_B^2} = \dfrac{V_A}{V_B}$ $\left(\dfrac{\sigma_A^2}{\sigma_B^2}\right)_U = \dfrac{V_A}{V_B}\dfrac{1}{F(\phi_A, \phi_B ; 1-\alpha/2)}$ $\qquad = \dfrac{V_A}{V_B}F(\phi_B, \phi_A ; \alpha/2)$ $\left(\dfrac{\sigma_A^2}{\sigma_B^2}\right)_L = \dfrac{V_A}{V_B}\dfrac{1}{F(\phi_A, \phi_B ; \alpha/2)}$

注：検定統計量の値には、下付きの0（帰無仮説 H_0 の0に由来するといわれる）をつけて表記している。

手順4　有意水準の設定

$\alpha = 0.05$

手順5　棄却域の設定

大きいほうだけを考慮した片側検定なので，棄却域は上側に5%分設定する.

$R : u_0 \geqq u(2\alpha) = u(0.10) = 1.645$

$u(0.10)$の値は，正規分布表（付表1）より，$P = 0.05$（上側確率）に相当する$K_P(=1.645)$を求める（図3.4）.

手順6　検定統計量の計算

平均値 $\bar{x}$ の計算：

$$\bar{x} = \frac{\sum x_i}{n} = \frac{10340}{10} = 1034.0$$

検定統計量 u_0 の計算：

$$u_0 = \frac{\bar{x} - \mu_0}{\sqrt{\sigma^2/n}} = \frac{1034.0 - 1000}{\sqrt{50^2/10}} = 2.150$$

手順7　検定結果の判定

$u_0 = 2.150 > u(0.10) = 1.645$

となり，検定統計量の値は棄却域に入った. よって有意である.

手順8　結論

帰無仮説 $H_0 : \mu = \mu_0 = 1000$ は棄却された.

有意水準5%で引張強度の母平均は大きくなったといえる.

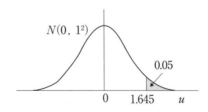

図3.4　正規分布の棄却域

2) 推定

手順1 母平均の点推定

データから求めた平均値を用いて，以下となる．

$$\hat{\mu} = \bar{x} = 1034.0 \quad (\text{MPa})$$

手順2 区間推定

母平均の信頼率 95% の区間推定は，

$$\bar{x} \pm u(0.05)\sqrt{\frac{\sigma^2}{n}} = 1034.0 \pm 1.960 \times \sqrt{\frac{50^2}{10}}$$

$$= 1034.0 \pm 31.0 = 1003.0,\ 1065.0 \quad (\text{MPa})$$

となる．

注：本問で検定の目的が変わった場合，仮説と棄却域は以下のようになる

    a) 母平均が変わったといいたい場合：

        $H_0 : \mu = \mu_0 \quad (\mu_0 = 1000)$

        $H_1 : \mu \neq \mu_0$

        $R : |u_0| \geq u(\alpha) = u(0.05) = 1.960$

    b) 母平均が小さくなったといいたい場合：

        $H_0 : \mu = \mu_0 \quad (\mu_0 = 1000)$

        $H_1 : \mu < \mu_0$

        $R : u_0 \leq -u(2\alpha) = -u(0.10) = -1.645$

検定統計量は，同じ u_0 を用いて判定すればよい．推定については，対立仮説にかかわらず同じである．

(2) 1つの母平均の検定と推定（母分散未知）

以下の例題によって，母分散が未知の場合の1つの母平均の検定と推定の手順を示す．

【例題】

従来，金属製品の硬さの母平均は 290(HV) であった．今回，工程の簡略化

を目的に製造工程の変更を行った．工程変更後の製品からランダムに選んだ
10個のサンプルの硬さを測定したところ下記のデータを得た．製品の硬さが
変わったかどうか検討する．

データ：290　288　291　286　294　292　295　296　287　291（単位：HV）

【解答】

1)　検定

手順1　検定の目的の設定

　母分散が未知である1つの母集団の母平均について，母平均が変わったかど
うかの両側検定を行う．

手順2　帰無仮説 H_0 と対立仮説 H_1 の設定

　母平均が変わったことを調べたいので，対立仮説を $H_1 : \mu \neq \mu_0$ とする．

$$H_0 : \mu = \mu_0 \quad (\mu_0 = 290)$$

$$H_1 : \mu \neq \mu_0$$

手順3　検定統計量の選定

　母分散が既知の場合の検定統計量は，

$$u_0 = \frac{\bar{x} - \mu_0}{\sqrt{\sigma^2 / n}} \sim N(0, 1^2)$$

であったが，母分散 σ^2 が未知の場合は，σ^2 を統計量 V で置き換えた，

$$t_0 = \frac{\bar{x} - \mu_0}{\sqrt{V / n}} \sim t(\phi)$$

が検定統計量となる．t は自由度 $\phi = n - 1$ の t 分布に従う．

手順4　有意水準の設定

$$\alpha = 0.05$$

手順5　棄却域の設定

　両側検定なので，棄却域は上側と下側に2.5%分ずつ設定する．

$$R : t_0 | \geq t(\phi, \alpha) = t(9, 0.05) = 2.262$$

　$t(9, 0.05)$ の値は，t 分布表（付表2）より自由度 $10 - 1 = 9$，$P = 0.05$（両側確

率であることに注意)に相当する $t(=2.262)$ を求める(図3.5).

手順6　検定統計量の計算

平均値 $\bar{x}$ の計算:

$$\bar{x} = \frac{\sum x_i}{n} = \frac{2910}{10} = 291.0$$

平方和 S の計算:

$$S = \sum (x_i - \bar{x})^2 = 102.0$$

分散 V の計算:

$$V = \frac{S}{n-1} = \frac{102.0}{10-1} = 11.33$$

検定統計量 t_0 の計算:

$$t_0 = \frac{\bar{x} - \mu_0}{\sqrt{V/n}} = \frac{291.0 - 290.0}{\sqrt{11.33/10}} = 0.939$$

手順7　検定結果の判定

$$|t_0| = 0.939 < t(9, 0.05) = 2.262$$

となり,検定統計量の値は棄却域には入らず,有意ではない.

手順8　結論

帰無仮説 $H_0 : \mu = \mu_0 = 290.0$ は棄却されない.

有意水準5%で硬さの母平均は変わったとはいえない.

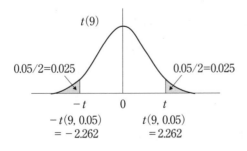

図3.5　t 分布の棄却域

2)　推定

手順 1　母平均の点推定

データから求めた平均値を用いて，

$$\hat{\mu} = \bar{x} = 291.0 \quad \text{(HV)}$$

となる．

手順 2　区間推定

母平均の信頼率 95%の区間推定は，

$$\bar{x} \pm t(\phi, 0.05)\sqrt{\frac{V}{n}} = \bar{x} \pm t(9, 0.05)\sqrt{\frac{V}{n}} = 291.0 \pm 2.262 \times \sqrt{\frac{11.33}{10}}$$

$$= 291.0 \pm 2.4 = 288.6, \ 293.4 \quad \text{(HV)}$$

となる．

注：区間推定は，$t = \dfrac{\bar{x} - \mu}{\sqrt{V/n}}$ の値が下側 2.5%点$(-t(\phi, 0.05))$と上側 2.5%

点$(t(\phi, 0.05))$の間にある確率が$(1-0.05)$であることから，

$$\Pr\left\{-t(\phi, 0.05) < \frac{\bar{x} - \mu}{\sqrt{V/n}} < t(\phi, 0.05)\right\} = 1-0.05 = 0.95$$

となり，これを解いて，

信頼上限：$\mu_U = \bar{x} + t(\phi, 0.05)\sqrt{V/n}$

信頼下限：$\mu_L = \bar{x} - t(\phi, 0.05)\sqrt{V/n}$

となる．

注：本問で検定の目的が変わった場合，仮説と棄却域は以下のようになる．

a)　母平均が大きくなったといいたい場合：

$H_0 : \mu = \mu_0 \quad (\mu_0 = 290.0)$

$H_1 : \mu > \mu_0$

$R : t_0 \geqq t(\phi, 2\alpha) = t(9, 0.10) = 1.833$

b)　母平均が小さくなったといいたい場合：

$H_0 : \mu = \mu_0 \quad (\mu_0 = 290.0)$

$H_1 : \mu < \mu_0$

$$R : t_0 \leqq -t(\phi, 2\alpha) = -t(9, 0.10) = -1.833$$

　検定統計量は，同じ t_0 を用いて判定すればよい．推定については対立仮説にかかわらず同じである．

(3)　1つの母分散の検定と推定

　以下の例題によって，1つの母分散の検定と推定の手順を示す．

【例題】

　従来，鋳造部品のある部分の寸法の母平均は $50.0 (\mathrm{mm})$，母分散は 0.3^2 (mm^2) であったが，ばらつきの低減を目的に試作を行った．ランダムに選んだ試作品 21 個を測定したデータから求めた平方和 S は $0.50 (\mathrm{mm}^2)$ であった．改善の効果があったかどうか検討する．

【解答】

1)　検定

手順 1　検定の目的の設定

　1つの母集団の母分散について，母分散が小さくなったかどうかの片側検定を行う．

手順 2　帰無仮説 H_0 と対立仮説 H_1 の設定

　母分散が小さくなったといいたいので，対立仮説を $H_1 : \sigma^2 < \sigma_0^2$ とする．

$$H_0 : \sigma^2 = \sigma_0^2 \quad (\sigma_0^2 = 0.3^2)$$

$$H_1 : \sigma^2 < \sigma_0^2$$

手順 3　検定統計量の選定

　帰無仮説が正しいとき，正規分布に従う母集団 $N(\mu, \sigma^2)$ からランダムに抜き取った大きさ n のサンプルの平方和 S を用いた $\chi_0^2 = \dfrac{S}{\sigma_0^2}$ は，自由度 $\phi = n - 1$ の χ^2 分布に従う．

　よって，検定統計量は $\chi_0^2 = \dfrac{S}{\sigma_0^2}$ である．

手順4　有意水準の設定

　　　$\alpha=0.05$

手順5　棄却域の設定

　小さいほうだけを考慮した片側検定なので，棄却域は下側にだけ5%分設定する．

　　　$R：\chi_0^2 \leqq \chi^2(\phi, 1-\alpha)=\chi^2(20, 0.95)=10.85$

　$\chi^2(20, 0.95)$の値は，χ^2表（付表3）より自由度$21-1=20$，$P=0.95$（上側確率であることに注意．この場合，下側確率は0.05になる）に相当するχ^2（$=10.85$）を求める（**図3.6**）．

手順6　検定統計量の計算

　　　$\chi_0^2=\dfrac{S}{\sigma_0^2}=\dfrac{0.50}{0.3^2}=5.56$

手順7　検定結果の判定

　　　$\chi_0^2=5.56<\chi^2(20, 0.95)=10.85$

となり，検定統計量の値は棄却域に入った．よって有意である．

手順8　結論

　帰無仮説 $H_0：\sigma^2=\sigma_0^2=0.3^2$ は棄却され，対立仮説 $H_1：\sigma^2<\sigma_0^2$ を採択する．

　有意水準5%で寸法の母分散は $0.3^2(\mathrm{mm}^2)$ より小さくなったといえる．

2)　推定

手順1　母分散の点推定

$$\hat{\sigma}^2=V=\frac{S}{n-1}=\frac{0.50}{20}=0.025=0.158^2 \quad (\mathrm{mm}^2)$$

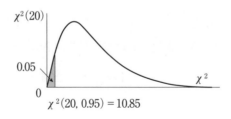

図3.6　χ^2分布の棄却域

となる.

手順2　区間推定

母分散の信頼率 95%の区間推定は,

$$\sigma_U^2 = \frac{S}{\chi^2(20, 0.975)} = \frac{0.50}{9.59} = 0.05214 = 0.228^2 \quad (\text{mm}^2)$$

$$\sigma_L^2 = \frac{S}{\chi^2(20, 0.025)} = \frac{0.50}{34.2} = 0.01462 = 0.121^2 \quad (\text{mm}^2)$$

となる.

注:区間推定は, $\chi^2 = \dfrac{S}{\sigma^2}$ の値が下側 2.5%点 $(\chi^2(\phi, 1-0.025))$ と上側 2.5%

点 $(\chi^2(\phi, 0.025))$ の間にある確率が $(1-0.05)$ であることから $(\chi^2$分布は

左右非対称なので%点の表記に注意),

$$\Pr\{\chi^2(\phi, 0.975) < \frac{S}{\sigma^2} < \chi^2(\phi, 0.025)\} = 1-0.05 = 0.95$$

となり, これを解いて,

$$\text{信頼上限}: \sigma_U^2 = \frac{S}{\chi^2(\phi, 0.975)}$$

$$\text{信頼下限}: \sigma_L^2 = \frac{S}{\chi^2(\phi, 0.025)}$$

となる.

注:本問で検定の目的が変わった場合, 仮説と棄却域は以下のようになる.

a)　母分散が変わったといいたい場合:

$H_0 : \sigma^2 = \sigma_0^2 \quad (\sigma_0^2 = 0.3^2)$

$H_1 : \sigma^2 \neq \sigma_0^2$

$R : \chi_0^2 \geq (\phi, \alpha/2) = \chi^2(20, 0.025) = 34.2$

または $\chi_0^2 \leq \chi^2(\phi, 1-\alpha/2) = \chi^2(20, 0.975) = 9.59$

b)　母分散が大きくなったといいたい場合:

$H_0 : \sigma^2 = \sigma_0^2 \quad (\sigma_0^2 = 0.3^2)$

$H_1 : \sigma^2 > \sigma_0^2$

$$R : \chi_0^2 \geqq \chi^2(\phi, \alpha) = \chi^2(20, 0.05) = 31.4$$

　検定統計量は，同じ χ_0^2 を用いて判定すればよい．推定については，対立仮説にかかわらず同じである．

(4)　2つの母集団の母平均の差の検定と推定（母分散未知）

　以下の例題によって，2つの母集団の母平均の差の検定と推定の手順を示す．

【例題】

　2つの製法 A，B で製造された製品の延性に差があるかどうかを調べたい．各製法で製造した製品からそれぞれ9個のサンプルをランダムに採取し，下記のデータを得た．

　A：42　36　36　28　36　39　38　37　33
　B：40　38　32　28　36　32　33　35　41　（単位：%）

【解答】

1)　検定

手順1　検定の目的の設定

　母分散が未知である2つの母集団の母平均について，母平均に差があるかどうかの両側検定を行う．

手順2　帰無仮説 H_0 と対立仮説 H_1 の設定

　2つの母平均に差があることを調べたいので，対立仮説を $H_1 : \mu_A \neq \mu_B$ とする．

$$H_0 : \mu_A = \mu_B$$

$$H_1 : \mu_A \neq \mu_B$$

手順3　検定統計量の選定

　2つの正規母集団 $N(\mu_A, \sigma_A^2)$，$N(\mu_B, \sigma_B^2)$ からランダムに抜き取られた大きさ n_A，n_B のサンプルの平均値 $\bar{x}_A$，$\bar{x}_B$ は，それぞれ正規分布 $N\left(\mu_A, \dfrac{\sigma_A^2}{n_A}\right)$,

$N\!\left(\mu_B,\dfrac{\sigma_B^2}{n_B}\right)$に従う.

さらに，これらの差 $\bar{x}_A-\bar{x}_B$ は $N\!\left(\mu_A-\mu_B,\dfrac{\sigma_A^2}{n_A}+\dfrac{\sigma_B^2}{n_B}\right)$ に従うので，これを標準化した，

$$u=\frac{(\bar{x}_A-\bar{x}_B)-(\mu_A-\mu_B)}{\sqrt{\dfrac{\sigma_A^2}{n_A}+\dfrac{\sigma_B^2}{n_B}}}$$

は，標準正規分布 $N(0,1^2)$ に従う.

よって，帰無仮説が正しければ，$u_0=\dfrac{\bar{x}_A-\bar{x}_B}{\sqrt{\dfrac{\sigma_A^2}{n_A}+\dfrac{\sigma_B^2}{n_B}}}$ が検定統計量になり，標

準正規分布に従う.

本問の場合は，母分散が未知である．しかし，サンプルの数の比が2倍以下である場合は，$\sigma_A^2=\sigma_B^2$ とみなす．さらに，これを合算した分散 V で置き換えた，

$$t_0=\frac{\bar{x}_A-\bar{x}_B}{\sqrt{V\!\left(\dfrac{1}{n_A}+\dfrac{1}{n_B}\right)}}\sim t(n_A+n_B-2)$$

ただし，$V=\dfrac{S_A+S_B}{n_A+n_B-2}$

が検定統計量となり，自由度 $\phi=(n_A-1)+(n_B-1)=n_A+n_B-2$ の t 分布に従う.

手順4　有意水準の設定

$\alpha=0.05$

手順5　棄却域の設定

両側検定なので，棄却域は上側と下側に2.5%分ずつ設定する.

$R:|t_0|\geqq t(\phi,\alpha)=t(9+9-2,0.05)=t(16,0.05)=2.120$

手順6　検定統計量の計算

平均値の計算：

$\bar{x}_A=36.11$

$$\bar{x}_B = 35.00$$

平方和の計算：

$$S_A = 122.9$$

$$S_B = 142.0$$

合算した分散 V の計算：

$$V = \frac{S_A + S_B}{n_A + n_B - 2} = \frac{122.9 + 142.0}{9 + 9 - 2} = 16.56$$

検定統計量 t_0 の計算：

$$t_0 = \frac{\bar{x}_A - \bar{x}_B}{\sqrt{V\left(\dfrac{1}{n_A} + \dfrac{1}{n_B}\right)}} = \frac{36.11 - 35.00}{\sqrt{16.56 \times \dfrac{2}{9}}} = 0.579$$

手順7　検定結果の判定

$$|t_0| = 0.579 < t(n_A + n_B - 2, 0.05)$$

$$= t(9 + 9 - 2, 0.05) = t(16, 0.05) = 2.120$$

となり，検定統計量の値は棄却域には入らず，有意ではない．

手順8　結論

帰無仮説 $H_0 : \mu_A = \mu_B$ は棄却されない．

有意水準5%で2つの製法の延性の母平均には差があるとはいえない．

2)　推定

手順1　母平均の差の点推定

$$\hat{\mu}_A - \hat{\mu}_B = \bar{x}_A - \bar{x}_B = 36.11 - 35.00 = 1.11 \quad (\%)$$

となる．

手順2　区間推定

母平均の差の信頼率95%の区間推定は，

$$(\bar{x}_A - \bar{x}_B) \pm t(\phi, \alpha)\sqrt{V\left(\frac{1}{n_A} + \frac{1}{n_B}\right)}$$

$$= 1.1 \pm 2.120 \times \sqrt{16.56 \times \frac{2}{9}} = 1.1 \pm 4.1 = -3.0, \ 5.2$$

となる．

注：区間推定は,

$$t_0 = \frac{(\bar{x}_A - \bar{x}_B) - (\mu_A - \mu_B)}{\sqrt{V\left(\dfrac{1}{n_A} + \dfrac{1}{n_B}\right)}}$$

の値が下側 2.5% 点 $(-t(\phi, 0.05))$ と上側 2.5% 点 $(t(\phi, 0.05))$ の間にある確率が $(1-0.05)$ であることから,

$$\Pr\left\{-t(\phi, 0.05) < t_0 = \frac{(\bar{x}_A - \bar{x}_B) - (\mu_A - \mu_B)}{\sqrt{V\left(\dfrac{1}{n_A} + \dfrac{1}{n_B}\right)}} < t(\phi,\ 0.05)\right\}$$

$$= 1 - 0.05 = 0.95$$

となり, これを解いて,

信頼上限：$(\mu_A - \mu_B)_U = (\bar{x}_A - \bar{x}_B) + t(\phi, 0.05)\sqrt{V\left(\dfrac{1}{n_A} + \dfrac{1}{n_B}\right)}$

信頼下限：$(\mu_A - \mu_B)_L = (\bar{x}_A - \bar{x}_B) - t(\phi, 0.05)\sqrt{V\left(\dfrac{1}{n_A} + \dfrac{1}{n_B}\right)}$

となる.

注：本設問で検定の目的が変わった場合, 仮説と棄却域は以下のようになる.

   a)　A の母平均が大きいといいたい場合：

     $H_0 : \mu_A = \mu_B$

     $H_1 : \mu_A > \mu_B$

     $R : t_0 \geqq t(\phi,\ 2\alpha) = t(16, 0.10) = 1.746$

   b)　B の母平均が大きいといいたい場合：

     $H_0 : \mu_A = \mu_B$

     $H_1 : \mu_A < \mu_B$

     $R : t_0 \leqq t(\phi, 2\alpha) = -t(16, 0.10) = -1.746$

   検定統計量は, 同じ t_0 の値と比較して判定すればよく, 推定については, 対立仮説にかかわらず同じである.

注：2つの母集団の母平均の差に関する検定で, 母分散は未知であるが n_A と n_B の比が 2 倍以上で, かつ V_A と V_B の比が 2 倍以上の場合は, $\sigma_A^2 \neq \sigma_B^2$ とみなす. この場合の検定統計量は,

$$t_0 = \frac{\overline{x}_A - \overline{x}_B}{\sqrt{\dfrac{V_A}{n_A} + \dfrac{V_B}{n_B}}}$$

となる.

　この検定は,サタースウェイト(Satterthwaite)の方法によって求めた等価自由度 ϕ^* の t 分布で近似した検定方法で,ウェルチ(Welch)の検定と呼ばれる.

　サタースウェイトの方法では,

$$\frac{\left(\dfrac{V_A}{n_A} + \dfrac{V_B}{n_B}\right)^2}{\phi^*} = \frac{\left(\dfrac{V_A}{n_A}\right)^2}{\phi_A} + \frac{\left(\dfrac{V_B}{n_B}\right)^2}{\phi_B}$$

によって等価自由度 ϕ^* を求めるが,ϕ^* は一般に整数にはならない.したがって,t 分布の値を t 表から補間して求めたり,ϕ^* の小数部分を切り捨てた自由度を採用したりして検定(これを安全側の検定という)が行われる.

(5)　2つの母集団の母分散の比の検定と推定

　以下の例題によって,2つの母集団の母平均の差の検定と推定の手順を示す.

【例題】

　2つのライン A,B で製造された精密部品について,特定箇所のすき間寸法のばらつきに差があるかどうかを調べたい.各ラインで製造した部品からそれぞれ10個のサンプルをランダムに採取し下記のデータを得た.

　A：32　36　35　29　36　29　28　27　31　29
　B：30　28　32　28　33　31　33　35　31　27　(単位：μm)

【解答】

1)　検定

手順1　検定の目的の設定

　2つの母集団の母分散について,母分散に差があるかどうかの両側検定を行

う.

手順2　帰無仮説 H_0 と対立仮説 H_1 の設定

2つの母分散に差があることを調べたいので，対立仮説を $H_1 : \sigma_A^2 \neq \sigma_B^2$ とする.

$$H_0 : \sigma_A^2 = \sigma_B^2$$

$$H_1 : \sigma_A^2 \neq \sigma_B^2$$

手順3　検定統計量の選定

正規分布に従う2つの母集団 $N(\mu_A, \sigma_A^2)$ および $N(\mu_B, \sigma_B^2)$ から，大きさがそれぞれ n_A および n_B のサンプルをランダムに抜き取って分散 V_A，V_B を求めると，

$$F = \frac{V_A/\sigma_A^2}{V_B/\sigma_B^2}$$

は自由度対 $(\phi_A, \phi_B) = (n_A-1, n_B-1)$ の F 分布に従う.

よって，帰無仮説が正しければ，$F = \dfrac{V_A}{V_B}$ が検定統計量になり，F 分布に従う.

手順4　有意水準の設定

$$\alpha = 0.05$$

手順5　棄却域の設定

両側検定の場合，V_A，V_B のうち分散の値の大きなほうを分子とし，小さなほうを分母として F_0 を求める.

$$R : F_0 \geq F(\phi_{分子}, \phi_{分母} ; \alpha/2) = F(9, 9 ; 0.025) = 4.03$$

手順6　検定統計量の計算

平方和の計算：

$$S_A = 103.6$$

$$S_B = 59.6$$

分散の計算：

$$V_A = \frac{S_A}{n_A-1} = \frac{103.6}{9} = 11.51$$

$$V_B = \frac{S_B}{n_B - 1} = \frac{59.6}{9} = 6.62$$

検定統計量 F_0 の計算：

分散の値の大きな V_A を分子とする．

$$F_0 = \frac{V_A}{V_B} = \frac{11.51}{6.62} = 1.74$$

手順7　検定結果の判定

$$F_0 : 1.74 < F(\phi_{分子}, \phi_{分母} ; \alpha/2) = F(9, 9 ; 0.025) = 4.03$$

となり，検定統計量の値は棄却域には入らず，有意ではない．

手順8　結論

帰無仮説 $H_0 : \sigma_A^2 = \sigma_B^2$ は棄却されない．

有意水準5%で2つのラインで製造した部品のすき間寸法の母分散には差があるとはいえない．

2)　推定

手順1　母分散の比の点推定

$$\frac{\widehat{\sigma_A^2}}{\widehat{\sigma_B^2}} = \frac{V_A}{V_B} = 1.74$$

となる．

手順2　区間推定

母分散の比の信頼率95%の区間推定は，

$$\left(\frac{\sigma_A^2}{\sigma_B^2}\right)_U = \frac{V_A}{V_B} \frac{1}{F(\phi_A, \phi_B ; 1-\alpha/2)} = \frac{V_A}{V_B} F(\phi_B, \phi_A ; \alpha/2) = 1.74 \times 4.03 = 7.01$$

$$\left(\frac{\sigma_A^2}{\sigma_B^2}\right)_L = \frac{V_A}{V_B} \frac{1}{F(\phi_A, \phi_B ; \alpha/2)} = 1.74 \times \frac{1}{4.03} = 0.432$$

となる．

注：本設問で検定の目的が変わった場合，仮説，検定統計量，棄却域は以下のようになる．

a) A の母分散が大きいといいたい場合：

$H_0 : \sigma_A^2 = \sigma_B^2$

$H_1 : \sigma_A^2 > \sigma_B^2$

$F_0 = \dfrac{V_A}{V_B} = \dfrac{11.51}{6.62} = 1.74$

$R : F_0 \geqq F(\phi_A, \phi_B ; \alpha) = F(9, 9 ; 0.05) = 3.18$

b) B の母分散が大きいといいたい場合：

$H_0 : \sigma_A^2 = \sigma_B^2$

$H_1 : \sigma_A^2 < \sigma_B^2$

$F_0 = \dfrac{V_B}{V_A} = \dfrac{6.62}{11.51} = 0.575$

$R : F_0 \geqq F(\phi_B, \phi_A ; \alpha) = F(9, 9 ; 0.05) = 3.18$

推定については，対立仮説にかかわらず同じである．

3.4 計数値の検定と推定

3.4.1 計数値の検定と推定の種類

計数値の検定と推定には，以下の手法がある．

(1) 不適合品数・不適合品率(不良個数・不良率)の解析

二項分布に従うデータの母不適合品率 P についての解析が目的である．

1) 1つの母不適合品率 P に関する検定と推定

1つの母集団の母不適合品率 P に関して，$H_0 : P = P_0 (P_0$ は既知の値$)$ の検定や P の推定を行う．

2) 2つの母不適合品率 P_A と P_B との違いに関する検定と推定

2つの母集団のそれぞれの不適合品率 P_A と P_B に関して，$H_0 : P_A = P_B$ の検定や $P_A - P_B$ の推定を行う．

(2)　不適合数（欠点数）の解析

ポアソン分布に従うデータの1単位当たりの母不適合数 λ についての解析が目的である.

1)　1つの母不適合数 λ に関する検定と推定

1つの母集団の母不適合数 λ に関して, $H_0 : \lambda = \lambda_0$（$\lambda_0$ は既知の値）の検定や λ の推定を行う.

2)　2つの母不適合数 λ_A と λ_B との違いに関する検定と推定

2つの母集団のそれぞれの不適合数 λ_A と λ_B に関して, $H_0 : \lambda_A = \lambda_B$ の検定や $\lambda_A - \lambda_B$ の推定を行う.

なお, これらの手法はすべて正規分布近似を用いる. 近似精度が満足いくものであるためには, 不適合品数, 不適合数などが5個程度以上になるようにサンプルの大きさや単位数などを設定することが必要である. 二項分布とポアソン分布の直接近似による, 正規分布近似について表3.3に示す.

表3.4に計数値データに基づく1つまたは2つの母集団に関する検定方法および推定方法についてまとめる.

3.4.2　計数値の検定と推定の実際

(1)　1つの母不適合品率 P に関する検定と推定

以下の例題によって, 1つの母不適合品率に関する検定・推定の手順を示す.

【例題】

あるラインで製造される機械部品の従来の不適合品率は8.0%であった. 今

表3.3　二項分布とポアソン分布の正規分布近似

二項分布の直接近似による正規分布近似	$p \sim N\left(P, \dfrac{P(1-P)}{n}\right)$
ポアソン分布の直接近似による正規分布近似	$\hat{\lambda} \sim N\left(\lambda, \dfrac{\lambda}{n}\right)$

表 3.4　計数値に基づく検定と推定一覧

母集団の数	検定と推定の目的	統計量の分布	検定統計量	対立仮説と棄却域	推定
1	母不適合品率 P に関する検定と推定	二項分布の正規分布への近似	$u_0 = \dfrac{p - P_0}{\sqrt{P_0(1-P_0)/n}}$ $p = \dfrac{x}{n}$	$H_1: P \neq P_0 \Rightarrow R : \|u_0\| \geqq u(\alpha)$ $H_1: P > P_0 \Rightarrow R : u_0 \geqq u(2\alpha)$ $H_1: P < P_0 \Rightarrow R : u_0 \leqq -u(2\alpha)$	$p \pm u(\alpha)\sqrt{\dfrac{p(1-p)}{n}}$
2	2 つの母不適合品率 P_A と P_B との差に関する検定と推定	二項分布の正規分布への近似	$u_0 = \dfrac{p_A - p_B}{\sqrt{\bar{p}(1-\bar{p})\left(\dfrac{1}{n_A} + \dfrac{1}{n_B}\right)}}$ $p_A = \dfrac{x_A}{n_A},\ p_B = \dfrac{x_B}{n_B}$ $\bar{p} = \dfrac{x_A + x_B}{n_A + n_B}$	$H_1: P_A \neq P_B \Rightarrow R : \|u_0\| \geqq u(\alpha)$ $H_1: P_A > P_B \Rightarrow R : u_0 \geqq u(2\alpha)$ $H_1: P_A < P_B \Rightarrow R : u_0 \leqq -u(2\alpha)$	$(p_A - p_B)$ $\pm u(\alpha)\sqrt{\dfrac{p_A(1-p_A)}{n_A} + \dfrac{p_B(1-p_B)}{n_B}}$
1	母不適合数 λ に関する検定と推定	ポアソン分布の正規分布への近似	$u_0 = \dfrac{\hat{\lambda} - \lambda_0}{\sqrt{\lambda_0/n}}$ $\hat{\lambda} = \dfrac{T}{n}$	$H_1: \lambda \neq \lambda_0 \Rightarrow R : \|u_0\| \geqq u(\alpha)$ $H_1: \lambda > \lambda_0 \Rightarrow R : u_0 \geqq u(2\alpha)$ $H_1: \lambda < \lambda_0 \Rightarrow R : u_0 \leqq -u(2\alpha)$	$\hat{\lambda} \pm u(\alpha)\sqrt{\dfrac{\hat{\lambda}}{n}}$
2	2 つの母不適合数 λ_A と λ_B の差に関する検定と推定	ポアソン分布の正規分布への近似	$u_0 = \dfrac{\hat{\lambda}_A - \hat{\lambda}_B}{\sqrt{\hat{\lambda}\left(\dfrac{1}{n_A} + \dfrac{1}{n_B}\right)}}$ $\hat{\lambda}_A = \dfrac{T_A}{n_A},\ \hat{\lambda}_B = \dfrac{T_B}{n_B}$ $\hat{\lambda} = \dfrac{T_A + T_B}{n_A + n_B}$	$H_1: \lambda_A \neq \lambda_B \Rightarrow R : \|u_0\| \geqq u(\alpha)$ $H_1: \lambda_A > \lambda_B \Rightarrow R : u_0 \geqq u(2\alpha)$ $H_1: \lambda_A < \lambda_B \Rightarrow R : u_0 \leqq -u(2\alpha)$	$(\hat{\lambda}_A - \hat{\lambda}_B) \pm u(\alpha)\sqrt{\dfrac{\hat{\lambda}_A}{n_A} + \dfrac{\hat{\lambda}_B}{n_B}}$

回, 製造設備の更新を行い, 試作品200個の機械部品を検査したところ不適合品は8個であった. 母不適合品率が変わったかどうか検討する.

【解答】

1) 検定

手順1 検定の目的の設定

1つの母不適合品率に関する検定で, 母不適合品率が変わったかの両側検定を行う.

手順2 帰無仮説 H_0 と対立仮説 H_1 の設定

$$H_0 : P = P_0 \quad (P_0 = 0.080)$$
$$H_1 : P \neq P_0$$

手順3 正規分布への近似条件の検討

$$nP_0 = 200 \times 0.080 = 16 > 5$$
$$n(1 - P_0) = 200 \times 0.920 = 184 > 5$$

なので, 正規分布への近似条件が成り立つ. 以下, 正規分布への直接近似法により検定・推定を行う.

手順4 有意水準の設定

$$\alpha = 0.05$$

手順5 棄却域の設定

$$R : |u_0| \geq u(\alpha) = u(0.05) = 1.960$$

手順6 検定統計量の計算

標本不適合品率 p の計算:

$$p = \frac{x}{n} = \frac{8}{200} = 0.040$$

$$u_0 = \frac{p - P_0}{\sqrt{P_0(1 - P_0)/n}} = \frac{0.040 - 0.080}{\sqrt{0.080(1 - 0.080)/200}} = -2.085$$

手順7 検定結果の判定と結論

$$|u_0| = 2.085 > u(0.05) = 1.960$$

となり，有意である．すなわち，有意水準5%で母不適合品率は変わったといえる．

2) 推定

手順1 母不適合品率の点推定

$$\widehat{P}=p=\frac{8}{200}=0.040$$

手順2 区間推定

信頼率95%の区間推定は，

$$p\pm u(0.05)\sqrt{\frac{n(1-p)}{n}}=0.040\pm1.960\sqrt{\frac{0.040(1-0.040)}{200}}$$

$$=0.040\pm0.027=0.013,\ 0.067$$

となる．

注：計数値の検定の場合も，計量値の場合と同様に検定の目的に応じて仮説や，棄却域を設定する．また，推定については同じ式で行える．

(2) 2つの母不適合品率 P_A と P_B との違いに関する検定と推定

以下の例題によって，2つの母不適合品率に関する検定・推定の手順を示す．

【例題】

2つのラインで製造されるねじ製品がある．各ラインからそれぞれ1000個のサンプルを抜き取り検査したところ，Aラインでは6個，Bラインでは17個の不適合品があった．ラインによって母不適合品率に違いがあるかどうかを検討する．

【解答】

1) 検定

手順1 検定の目的の設定

2つの母不適合品率に関する検定で，母不適合品率に差があるかどうかの両側検定を行う．

手順2　帰無仮説 H_0 と対立仮説 H_1 の設定

$$H_0 : P_A = P_B$$

$$H_1 : P_A \neq P_B$$

手順3　正規分布への近似条件の検討

$$x_A = 6 > 5, \quad n_A - x_A = 1000 - 6 = 994 > 5$$

$$x_B = 17 > 5, \quad n_B - x_B = 1000 - 17 = 983 > 5$$

なので，正規分布への近似条件が成り立つ．以下，正規分布への直接近似法により検定・推定を行う．

手順4　有意水準の設定

$$\alpha = 0.05$$

手順5　棄却域の設定

$$R : |u_0| \geq u(\alpha) = u(0.05) = 1.960$$

手順6　検定統計量の計算

標本不適合品率の計算：

$$p_A = \frac{x_A}{n_A} = \frac{6}{1000} = 0.006, \quad p_B = \frac{x_B}{n_B} = \frac{17}{1000} = 0.017$$

$$\bar{p} = \frac{x_A + x_B}{n_A + n_B} = \frac{6 + 17}{1000 + 1000} = 0.0115$$

$$u_0 = \frac{p_A + p_B}{\sqrt{\bar{p}\left(1 - \bar{p}\right)\left(\dfrac{1}{n_A} + \dfrac{1}{n_B}\right)}}$$

$$= \frac{0.006 - 0.017}{\sqrt{0.0115(1 - 0.0115) \times \left(\dfrac{1}{1000} + \dfrac{1}{1000}\right)}} = -2.307$$

手順7　検定結果の判定と結論

$$|u_0| = 2.307 > u(0.05) = 1.960$$

となり，有意である．すなわち，有意水準5％で母不適合品率は差があるといえる．

2) 推定

手順1 母不適合品率の差の点推定

$$\widehat{P}_A - \widehat{P}_B = p_A - p_B = 0.006 - 0.017 = -0.011$$

手順2 区間推定

信頼率95%の区間推定は,

$$(p_A - p_B) \pm u(0.05) \sqrt{\frac{p_A(1-p_A)}{n_A} + \frac{p_B(1-p_B)}{n_B}}$$

$$= -0.011 \pm 1.96 \sqrt{\frac{0.006(1-0.006)}{1000} + \frac{0.017(1-0.017)}{1000}}$$

$$= -0.011 \pm 0.0093 = -0.0203, \quad -0.0017$$

となる.

(3) 1つの母不適合数 λ に関する検定と推定

以下の例題によって1つの母不適合数に関する検定・推定の手順を示す.

【例題】

あるメーカーで製造される金属箔には,従来 $1m^2$ 当たり平均 2.0 個のきずがあった.今回,製造ラインの改善を行い,試作品から $10m^2$ 分の金属箔を検査したところ,合計 8 個のきずが見られた.母不適合数が減少したかどうか検討する.

【解答】

1) 検定

手順1 検定の目的の設定

1つの母不適合数に関する検定で,母不適合数が小さくなったかどうかの片側検定を行う.

手順2 帰無仮説 H_0 と対立仮説 H_1 の設定

$$H_0 : \lambda = \lambda_0 \quad (\lambda_0 = 2.0)$$

$$H_1 : \lambda < \lambda_0$$

手順 3　正規分布への近似条件の検討

$$n\lambda_0 = 10 \times 2.0 = 20.0 > 5$$

なので，正規分布への近似条件が成り立つ．以下正規分布への直接近似法により検定・推定を行う．

手順 4　有意水準の設定

$$\alpha = 0.05$$

手順 5　棄却域の設定

$$R : u_0 \leq -u(2\alpha) = -u(0.10) = -1.645$$

手順 6　検定統計量の計算

$$\hat{\lambda} = \frac{T}{n} = \frac{8}{10} = 0.80$$

$$u_0 = \frac{\hat{\lambda} - \lambda_0}{\sqrt{\lambda_0/n}} = \frac{0.80 - 2.0}{\sqrt{2.0/10}} = -2.68$$

手順 7　検定結果の判定と結論

$$u_0 = -2.68 < -u(0.10) = -1.645$$

となり，有意である．すなわち，有意水準 5% で母不適合数は小さくなったといえる．

2)　推定

手順 1　母不適合数の点推定

$$\hat{\lambda} = \frac{T}{n} = \frac{8}{10} = 0.80$$

手順 2　区間推定

信頼率 95% の区間推定は，

$$\hat{\lambda} \pm u(0.05)\sqrt{\frac{\hat{\lambda}}{n}} = 0.80 \pm 1.960\sqrt{\frac{0.80}{10}}$$

$$= 0.80 \pm 0.55 = 0.25,\ \ 1.35$$

となる．

(4) 2つの母不適合数 λ_A と λ_B との違いに関する検定と推定

以下の例題によって，2つの母不適合数の差に関する検定・推定の手順を示す．

【例題】

2つの同規模の鉄道部品組立工場がある．A工場では最近6カ月間にライン休止事故が10件，B工場では最近5カ月間にライン休止事故が15件あった．工場によって1カ月当たりのライン休止事故件数に違いがあるかどうかを検討する．

【解答】

1) 検定

手順1 検定の目的の設定

2つの母不適合数に関する検定で，母不適合数に差があるかどうかの両側検定を行う．1カ月を1単位として考え，1カ月当たりのライン休止事故件数をそれぞれ λ_A, λ_B とする．

手順2 帰無仮説 H_0 と対立仮説 H_1 の設定

$$H_0 : \lambda_A = \lambda_B$$

$$H_1 : \lambda_A \neq \lambda_B$$

手順3 正規分布への近似条件の検討

$$T_A = 10 > 5$$

$$T_B = 15 > 5$$

なので，正規分布への近似条件が成り立つ．以下正規分布への直接近似法により検定・推定を行う．

手順4 有意水準の設定

$$\alpha = 0.05$$

手順5 棄却域の設定

$$R : |u_0| \geq u(\alpha) = u(0.05) = 1.960$$

手順6　検定統計量の計算

$$\hat{\lambda}_A = \frac{T_A}{n_A} = \frac{10}{6} = 1.667, \quad \hat{\lambda}_B = \frac{T_B}{n_B} = \frac{15}{5} = 3.000$$

$$\hat{\lambda} = \frac{T_A + T_B}{n_A + n_B} = \frac{10+15}{6+5} = 2.273$$

$$u_0 = \frac{\hat{\lambda}_A - \hat{\lambda}_B}{\sqrt{\hat{\lambda}\left(\frac{1}{n_A} + \frac{1}{n_B}\right)}} = \frac{1.667 - 3.000}{\sqrt{2.273 \times \left(\frac{1}{6} + \frac{1}{5}\right)}} = -1.460$$

手順7　検定結果の判定と結論

$$|u_0| = 1.460 < u(0.05) = 1.960$$

となり，有意でない．すなわち，有意水準5%で母不適合数（ライン休止事故件数）には差があるとはいえない．

2)　推定

手順1　母不適合数の差の点推定

$$\hat{\lambda}_A - \hat{\lambda}_B = 1.667 - 3.000 = -1.33$$

手順2　区間推定

信頼率95%の区間推定は，

$$(\hat{\lambda}_A - \hat{\lambda}_B) \pm u(0.05)\sqrt{\frac{\hat{\lambda}_A}{n_A} + \frac{\hat{\lambda}_B}{n_B}} = -1.33 \pm 1.960\sqrt{\frac{1.667}{6} + \frac{3.000}{5}}$$

$$= -1.33 \pm 1.84 = -3.17, \quad 0.51$$

となる．

第 4 章

実験計画法

4.1　実験計画法

4.1.1　実験計画法とは

　第 3 章では，2 つまでの母集団の母平均の差の推定や検定を学んだ．では，知りたい母集団が同時に 3 つ以上あった場合はどうしたらよいのか．これに応えてくれる統計的方法が実験計画法である．すなわち，実験計画法は 3 つ以上（2 つでも可）の母集団の母平均の違いを検定する手法であるといえる．

　もう一つ，実験計画法の重要な特徴がある．第 3 章では母集団の母平均に差があるかどうか，また差がどれくらいかを知ることを学んだが，その差がどのような原因によるものかについては明らかではない．それを知りたい場合は，その後の解析にゆだねることになる．実験計画法では，母平均に影響を及ぼす原因（要因や因子と呼ぶ）を同時に考えるのである．これが実験計画法の特徴であり目的である．

　因子の影響を見るためには，その条件を変えて試してみる実験を行う必要がある．

　例を挙げる．金型を製造している G 社では，最近硬度不足が指摘されたので，焼戻し温度を 475℃，500℃，525℃ と変えて製造した．焼戻し温度を因子として温度を段階的に変えている．この段階を水準といい，3 段階に変えているので水準の段階の数は 3 であり，これを水準数という．

　さらに，母平均の検定などで 1 つの母集団から複数個のサンプルをとったのと同じように，同じ水準の条件で複数回の実験を行う．これを繰返しという．それぞれの焼戻し温度で 3 回製造すると，繰返し数は 3 である．（水準数）×（繰返し数）＝ 総実験回数 なので，合計 3×3＝9 回の実験を行っている．この 9 回の実験の結果である 9 個の金型の硬度から，焼戻し温度が異なる 3 つの母集団について硬度の母平均に違いがあるかどうかを調べ，検定の結果 3 つの母平均に違いがあったと判断された場合，金型の硬度には焼戻し温度という因子の影響がある，ということになる．これを因子の効果があったという．

このように，実験計画法の目的は，因子の効果があるかどうかを調べること
にある．さらにその効果の大きさを推定することもできるので，製造の現場だ
けではなく，新製品の開発や研究など幅広い分野で使われている．

因子は1つだけでなく2つ以上を同時に取り上げることができる．因子が1
つの場合を一元配置実験，2つの場合を二元配置実験という．それ以上の多く
の因子を取り上げることのできる直交配列表実験もあり，また目的や実験の場
の状況に応じて多くの種類の実験計画法が提案されている．

二元配置実験以上，すなわち複数の因子を取り上げる場合，因子固有の効果
の他に，複数の要因を組み合わせたことによる効果の有無についても調べるこ
とができる．前者を主効果，後者を交互作用効果という．

4.1.2　実験計画法の手順と用語

実験計画法の手順を，用いられる用語とともに説明する．

1) 実験の目的を定め，改善や調査の対象となる特性値を決定する．

2) 特性値に影響を及ぼす多くの要因の中から，実験に取り上げる因子を選
ぶ．因子は複数個でもよい．通常，A，B，C，…などの記号で表す．

3) 因子の効果は，水準と呼ばれる段階を設定して水準間で母平均に差があ
るかを検定して調べる．水準の段階の数を水準数という．因子の水準は，
A_1，A_2，…，B_1，B_2，…など因子の記号に添字の数字をつける．

4) 因子固有の効果を主効果といい，A の主効果，B の主効果などと表す．
要因を複数個取り上げたときに生じる因子の組合せによって生じる効果
を交互作用効果といい，$A \times B$ の交互作用効果などと表す．
交互作用とは，図4.1に示すように，主効果だけでは説明できない特性
値の差を説明するために要因の組合せ効果を考えるものである．

5) 同じ水準の条件下で複数回の実験を行う．これを繰返しという．繰返し
によって生じるばらつきを誤差という．

6) 実験の順序も重要であり，原則として繰返しを含めたすべての実験をラ
ンダムな順序で行う．これは，水準ごとの誤差の大きさを同じにして偏

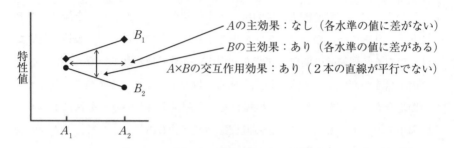

＊ A の2つの水準である A_1 と A_2 を比べると，B_1 に固定した場合は A_2 が大きく B_2 に固定した場合は A_1 が大きくなっている．これは A の効果が B と組み合わされることによって変化していると解釈できる．このような要因の組合せの効果を交互作用効果という．

図4.1　交互作用

りをなくすためである．

7) （要因の効果の分散）と（誤差の分散）を比較することで，**要因（主効果，交互作用効果）の効果の有無を判断する．（要因の効果の分散）＝（要因の効果による変動）＋（誤差の分散）なので，（要因の効果の分散）と（誤差の分散）の比をとって，（要因の効果の分散）がどれくらい（誤差の分散）より大きいかを見る．すなわち（要因の効果の分散）/（誤差の分散）の値が大きくなれば，（要因の効果による変動）がある，すなわち要因の効果があると判断できる．逆に，比が1に近くなる，すなわち（要因の効果の分散）と（誤差の分散）が大きく変わらない値だと，要因の効果がないと判断できる．**

8) 検定は，2つの分散の比がそれぞれの自由度で決まる F 分布に従うとして，有意水準に応じた棄却域を設定する．

9) 検定統計量の値である分散の比 F_0 を求め，棄却域と比較することで要因の効果の有無を判断する．

10) 7)～9)の検定は，分散分析という手法で行われ，結果を分散分析表にまとめる．

11) 特定の水準における母平均の推定を行う．特性値が最も望ましい値と

なる水準での母平均の推定などが行われる．二元配置実験以上の場合には，複数の要因の水準を組み合わせた条件下での母平均の推定が可能である．また，特定の水準間の母平均の差の推定や誤差分散の推定も可能である．

12)　得られた解析結果から，固有技術の知見も加味して結論を導く．

13)　追加実験の要否検討などを含めた処置をとる．

4.1.3　分散分析の仕組み

分散分析において，検定がどのように行われているかを説明する．ここでは簡単のため一元配置実験の場合を示すが，二元配置実験や直交配列表実験の場合も同様の考え方である．

(1)　データの構造式

図4.2に示すような一元配置実験において，A_i水準での繰返しj番目のデータをx_{ij}として，このデータの構造を，

$$x_{ij} = \mu + a_i + \varepsilon_{ij}$$

ただし，

μ：一般平均(要因効果を除いた平均)

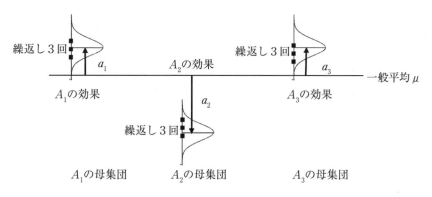

図4.2　一元配置実験のデータ

a_i：因子 A の主効果($i=1, 2, \cdots, l$)　$\sum_i a_i = 0$

ε_{ij}：誤差($j=1, 2, \cdots, r$)　$\varepsilon_{ij} \sim N(0, \sigma^2)$

と表す．ここで，誤差はそれぞれ独立で，母分散一定，母平均 0 の正規分布に従うものと仮定する（これを独立性，等分散性，不偏性，正規性の誤差の 4 条件という）．

(2) 平方和の分解

すべてのデータの平方和（総平方和という）を S_T とすると，

$$S_T = \sum_i \sum_j (x_{ij} - \bar{\bar{x}})^2 = \sum_i \sum_j \{(x_{ij} - \bar{x}_{i\cdot}) + (\bar{x}_{i\cdot} - \bar{\bar{x}})\}^2$$
$$= \sum_i \sum_j (x_{ij} - \bar{x}_{i\cdot})^2 + 2\sum_i \sum_j (x_{ij} - \bar{x}_{i\cdot})(\bar{x}_{i\cdot} - \bar{\bar{x}}) + \sum_i \sum_j (\bar{x}_{i\cdot} - \bar{\bar{x}})^2$$

となるが，第 2 項は 0 となるので，

$$S_T = \sum_i \sum_j (x_{ij} - \bar{x}_{i\cdot})^2 + \sum_i \sum_j (\bar{x}_{i\cdot} - \bar{\bar{x}})^2$$

となる．ここで，第 1 項は各水準での平均値に対する個々のデータの平方和を，第 2 項は総平均値に対する各水準の平均値の平方和を表しているので，それぞれを誤差平方和 S_E，因子 A の平方和 S_A と表すと，

$$S_T = S_E + S_A$$

となり，平方和の分解ができる．

(3) 自由度

S_T の自由度 ϕ_T は，総実験回数を $N = lr$ とすると，$\phi_T = N - 1 = lr - 1$ である．

S_A の自由度 ϕ_A は，平方和を計算した際の偏差の数は l 個あるが，このうち独立なものは $l-1$ なので，$\phi_A = l - 1$ となる．

S_E の自由度 ϕ_E も，同様に独立な偏差が $(r-1) \times l$ 個あるので，$\phi_E = l(r-1)$ となる．なお，自由度も平方和と同様に，

$$l(r-1) + (l-1) = lr - 1$$

となり，

$$\phi_T = \phi_E + \phi_A$$

が成り立つ.

(4)　分散分析における検定

　検定の目的は,因子 A の効果の有無であった.したがって,仮説は以下のようになる.

　　　　帰無仮説 $H_0 : a_1 = a_2 = \cdots = a_l = 0$

　　　　対立仮説 $H_1 : a_1,\ a_2,\ \cdots,\ a_l$ のうち,少なくともひとつは 0 でない

　この仮説の検定を行うための検定統計量として,S_A を ϕ_A で割った因子 A の分散 V_A と,S_E を ϕ_E で割った誤差の分散 V_E の比 $F_0 = V_A / V_E$ を用いる.

　V_A の期待値 $E(V_A)$ は,

$$E(V_A) = r\sigma_A^2 + \sigma^2$$

　　　　ただし,$\sigma_A^2 = \dfrac{\sum\limits_i a_i^2}{\phi_A}$

　V_E の期待値 $E(V_E)$ は,

$$E(V_E) = \sigma^2$$

となるので,V_A / V_E が 1 に近ければ,$\sum\limits_i a_i^2 = 0$,すなわち帰無仮説が正しいと判断できるし,逆に V_A / V_E が 1 よりも大きくなれば,$\sum\limits_i a_i^2 > 0$,すなわち対立仮説が正しいと判断できる.この判断は,**3.3 節**で学んだ F 分布を使って,棄却域 $R : F_0 = V_A / V_E \geqq F(\phi_A, \phi_E\ ; \alpha)$ の片側検定によって行うことができる.

　以上の各平方和と自由度の計算結果および分散の計算と分散の比の計算について,1 つの表にまとめたものが分散分析表(**表 4.1**)である.

(5)　分散分析表の作成

　分散分析表(表 4.1)の作成手順を示す.

1)　データから計算した S_T,S_A,S_E と ϕ_T,ϕ_A,ϕ_E の数値を記入する.

2)　分散 V_A,V_E を計算する.

3)　分散比 F_0 を計算する.

表 4.1　分散分析表

要因	平方和 S	自由度 ϕ	分散 V	分散比 F_0
A	S_A	ϕ_A	$V_A = S_A/\phi_A$	$F_0 = V_A/V_E$
E(誤差)	S_E	ϕ_E	$V_E = S_E/\phi_E$	
計	S_T	ϕ_T		

4)　F_0 の値と F 表（付表 5）から求めた $F(\phi_A, \phi_E ; \alpha)$ の値を比較し，$F_0 = V_A/V_E \geqq F(\phi_A, \phi_E ; \alpha)$ ならば，有意水準 α で有意であり，因子 A の効果があったと判断する．α は通常 0.05 とするが，0.01 とする場合もある．有意の場合には，F_0 の値の右肩に ＊ をつける習慣がある（$\alpha=0.05$ の場合には 1 つ，$\alpha=0.01$ の場合には 2 つつける）．

4.2　一元配置実験

　一元配置実験とは，因子を 1 つだけ取り上げ，その因子の水準において複数回の繰返しを行う計画である．特性値に対し，特に大きな影響を与えていると思われる 1 因子の効果を調べたいときなどに適用する．

　一元配置実験では，因子の水準数，水準ごとの繰返し数に特に制限はないが，一般的には 3〜5 水準，繰返し数は 3〜10 にする．また，水準ごとの繰返し数は異なっていてもよい．

4.2.1　一元配置実験の実際

　以下の例題によって，一元配置実験の解析の手順を説明する．

【例題】

　金型材料の硬度の向上を目的に，因子として焼戻しでの保持時間 A の影響を調べるため，一元配置実験を行った．水準数 l は 4 水準（A_1：60 分，A_2：65

分，A_3：70 分，A_4：75 分）として，それぞれの水準で繰返し r を 3 回，計 4×3＝12 回の実験を実施した．

【解答】

(1) 分散分析の手順

手順 1 実験とデータの採取

計 12 回の実験をランダムな順序で行い，硬度を測定した結果，**表 4.2** のデータを得た．

手順 2 データの構造式の設定

$$x_{ij} = \mu + a_i + \varepsilon_{ij}$$

$$\sum_{i=1}^{l} a_i = 0, \quad \varepsilon_{ij} \sim N(0, \sigma^2)$$

手順 3 データのグラフ化

得られたデータはグラフ化を行い，グラフから読み取れる情報を整理することが重要である．各データと水準ごとの平均値をプロットした**図 4.3** から，以下のことがわかる．

- 特に異常な値はない
- 各水準で誤差の分散に違いはなさそうである
- 各水準の母平均は異なっていそうで，因子 A の効果はありそうである
- 水準間の比較では A_3 水準の硬度が高そうである

表 4.2 データ表（単位：HRC）

保持時間	データ x_{ij}	A_i水準のデータの和T_i	A_i水準の平均$\bar{x}_{i\cdot}$
A_1	66　68　70	204	68.00
A_2	67　72　73	212	70.67
A_3	78　81　79	238	79.33
A_4	72　74　71	217	72.33
		合計 $T=871$	総平均$\bar{\bar{x}}=72.58$

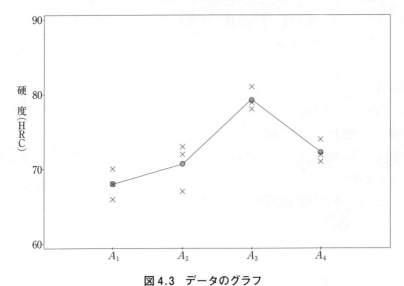

図 4.3　データのグラフ

手順 4　平方和の計算

　表 4.2 から，各平方和は，

$$S_T = \sum_{i=1}^{l} \sum_{j=1}^{r} (x_{ij} - \bar{\bar{x}})^2 = 248.9$$

$$S_A = \sum_{i=1}^{l} \sum_{j=1}^{r} (x_{i\cdot} - \bar{\bar{x}})^2 = 210.9$$

$$S_E = S_T - S_A = 38.0$$

と求める．手計算で行う場合には，以下の式を使うと便利である．

$$CT = \frac{(\text{データの総和})^2}{(\text{データの総数})} = \frac{T^2}{N} = 63220.1 \quad (\text{修正項})$$

$$S_T = (\text{データの2乗の総和}) - (\text{修正項}) = \sum_i \sum_j x_{ij}^2 - CT$$

$$= 63469 - 63220.1 = 248.9$$

$$S_A = \sum_i \frac{(A_i \text{水準のデータの和})^2}{(A_i \text{水準のデータ数})} - (\text{修正項}) = \sum_i \frac{T_{i\cdot}^2}{r} - CT$$

$$= 63431 - 63220.1 = 210.9$$

表4.3 分散分析表

要因	平方和 S	自由度 ϕ	分散 V	分散比 F_0
A	211	3	70.3	14.8**
E(誤差)	38	8	4.75	
計	249	11		

$F(3, 8 ; 0.05) = 4.07$, $F(3, 8 ; 0.01) = 7.59$

$$S_E = S_T - S_A = 248.9 - 210.9 = 38.0$$

手順5 自由度の計算

$$\phi_T = (データの総数) - 1 = 12 - 1 = 11$$

$$\phi_A = (A \text{ の水準数}) - 1 = 4 - 1 = 3$$

$$\phi_E = \phi_T - \phi_A = 11 - 3 = 8$$

手順6 分散分析表の作成

上で求めた各平方和と自由度を分散分析表(表4.3)に記入し,さらに表4.1の手順により,分散 V および分散比 F_0 を求める.

手順7 判定

分散分析の結果,因子 A は有意水準1%で有意であると判断された.すなわち,因子 A の効果はあり,保持時間を変えることによって硬度の母平均が異なるといえる.

(2) 分散分析後の推定の手順

分散分析によって要因効果の検定を行ったのち,推定を行うことによって,その後のアクションにつなげることができる.ここでは,最適水準(硬度が最も高くなる水準)における母平均の推定を行う.

手順1 分散分析後のデータの構造式の設定

分散分析の結果,因子 A の効果があったので,分散分析の手順2と同様に,

$$x_{ij} = \mu + a_i + \varepsilon_{ij}$$

$$\sum_{i=1}^{l} a_i = 0, \quad \varepsilon_{ij} \sim N(0, \sigma^2)$$

とする．これから，A_i 水準の母平均は，

$$\widehat{\mu}(A_i) = \widehat{\mu + a_i} = \bar{x}_{i\cdot}$$

となる．

手順 2　最適水準の設定

表 4.2 から A_3 が硬度が最も高くなる最適水準となる．

手順 3　母平均の点推定

$$\widehat{\mu}(A_3) = \bar{x}_{3\cdot} = \frac{(A_3 \text{水準のデータの和})}{(A_3 \text{水準のデータ数})} = 79.3 \quad (\text{HRC})$$

手順 4　母平均の区間推定

信頼率 $(1-\alpha)$ での区間推定は，以下の式で求める．

$$\widehat{\mu}(A_i) \pm t(\phi_E, \alpha) \sqrt{\frac{V_E}{r}}$$

ϕ_E は分散分布表の誤差の自由度

V_E は分散分析表の誤差分散

信頼率 95％ の区間推定を行うと，

$$\widehat{\mu}(A_3) \pm t(\phi_E, \alpha) \sqrt{\frac{V_E}{r}}$$

$$= 79.3 \pm t(8, 0.05) \sqrt{\frac{4.75}{3}}$$

$$= 79.3 \pm 2.306 \sqrt{\frac{4.75}{3}} = 76.4, \quad 82.2 \quad (\text{HRC})$$

となる．

注：$t(\phi_E, \alpha)$ の値は，t 表（付表 2）より求める．

一元配置実験では，各水準の繰返し数が異なってもよい．この場合，A_i 水準の繰返し数を r_i とすると，

データの構造式：

$$x_{ij} = \mu + a_i + \varepsilon_{ij}$$

$$\sum_{i=1}^{l} r_i a_i = 0, \quad \varepsilon_{ij} \sim N(0, \sigma^2)$$

平方和の計算:

$$S_T = \sum_{i=1}^{l} \sum_{j=1}^{r_i} (x_{ij} - \bar{\bar{x}})^2$$

$$S_A = \sum_{i=1}^{l} \sum_{j=1}^{r_i} (\bar{x}_{i\cdot} - \bar{\bar{x}})^2$$

母平均の区間推定:

$$\hat{\mu}(A_i) \pm t(\phi_E, \alpha) \sqrt{\frac{V_E}{r_i}}$$

として求め,同様に解析することができる.

4.3 二元配置実験

4.3.1 二元配置実験とは

　二元配置実験とは,2つの因子を取り上げ,因子 A を l 水準,因子 B を m 水準とり,両因子の各水準のすべての組合せ条件において実験を行うものである.各組合せ条件においてそれぞれ1回ずつ実験を行う計画を,「繰返しのない二元配置実験」といい,各組合せ条件において複数 r 回の繰返しを行う計画を,「繰返しのある二元配置実験」という.

　繰返しのない二元配置実験は,2因子交互作用が誤差と分離できず,その効果の検出ができない(交絡という).したがって,2因子交互作用が無視できるという場合に限って用いる.

4.3.2 繰返しのある二元配置実験

繰返しのある二元配置実験は,繰返しのない実験に比べて以下の利点がある.

1)　交互作用の効果を求めることができる.

2)　誤差と交互作用を分離できる.

3)　繰返しのデータから,誤差の等分散性のチェックができる.

　2因子交互作用が無視できないと考えられる場合には，繰返しのある二元配置実験を用いる．

　分散分析の結果，交互作用を無視してもよいと判断された場合には，交互作用を誤差とみなす場合がある．これを，交互作用を誤差にプールする，あるいはプーリングという．

4.3.3　繰返しのある二元配置実験の分散分析の仕組み

　繰返しのある二元配置実験の分散分析の仕組みについて，一元配置実験と異なる箇所を中心に，**4.1.3**項に沿って説明する．

(1)　データの構造式

　A_iB_j の組合せ条件での繰返し k 番目のデータを x_{ijk} とすると，

$$x_{ijk} = \mu + a_i + b_j + (ab)_{ij} + \varepsilon_{ijk}$$

　ただし，

　μ：一般平均(要因効果を除いた平均)

　a_i：因子 A の主効果($i=1, 2, \cdots, l$)　$\sum_i a_i = 0$

　b_j：因子 B の主効果($j=1, 2, \cdots, m$)　$\sum_j b_j = 0$

　$(ab)_{ij}$：A と B の交互作用効果　$\sum_i (ab)_{ij} = \sum_j (ab)_{ij} = 0$

　ε_{ijk}：誤差($k=1, 2, \cdots, r$)　$\varepsilon_{ijk} \sim N(0, \sigma^2)$

(2)　平方和の分解

　総平方和：

$$S_T = \sum_i \sum_j \sum_k (x_{ijk} - \bar{\bar{x}})^2$$

　因子 A の平方和：

$$S_A = \sum_i \sum_j \sum_k (\bar{x}_{i\cdot\cdot} - \bar{\bar{x}})^2$$

　因子 B の平方和：

$$S_B = \sum_i \sum_j \sum_k (\bar{x}_{\cdot j\cdot} - \bar{\bar{x}})^2$$

　AB 組合せの平方和：

表4.4 分散分析表

要因	平方和 S	自由度 ϕ	分散 V	分散比F_0
A	S_A	ϕ_A	$V_A=S_A/\phi_A$	$F_0=V_A/V_E$
B	S_B	ϕ_B	$V_B=S_B/\phi_B$	$F_0=V_B/V_E$
$A \times B$	$S_{A \times B}$	$\phi_{A \times B}$	$V_{A \times B}=S_{A \times B}/\phi_{A \times B}$	$F_0=V_{A \times B}/V_E$
E(誤差)	S_E	ϕ_E	$V_E=S_E/\phi_E$	
計	S_T	ϕ_T		

$$S_{AB}=\sum_i \sum_j \sum_k (\bar{x}_{ij\cdot} - \bar{\bar{x}})^2$$

交互作用 $A \times B$ の平方和：

$$S_{A \times B}=S_{AB}-S_A-S_B$$

誤差平方和：

$$S_E=S_T-S_{AB}=S_T-S_A-S_B-S_{A \times B}$$

(3) 自由度

$$\phi_T=lmr-1$$

$$\phi_A=l-1$$

$$\phi_B=m-1$$

$$\phi_{A \times B}=(l-1)(m-1)=\phi_A \times \phi_B$$

$$\phi_E=\phi_T-\phi_A-\phi_B-\phi_{A \times B}$$

(4) 分散分析表の作成

分散分析表(表4.4)を作成する.

4.3.4 二元配置実験の実際

以下の例題によって，二元配置実験の解析の手順を説明する.

【例題】

　鋼板の強度の向上を目的に，因子として合金成分 Q の添加量 A（3 水準）と合金成分 R の添加量 B（2 水準）を取り上げて実験を行うことにした．因子 A と因子 B には交互作用が存在する可能性があるので，すべての条件の組合せにおいて繰返しを 2 回実施した．

【解答】

(1)　分散分析の手順

手順 1　実験とデータの採取

　計 12 回の実験をランダムな順序で行い，強度を測定した結果，**表 4.5** のデータを得た．

手順 2　データの構造式の設定

$$x_{ijk} = \mu + a_i + b_j + (ab)_{ij} + \varepsilon_{ijk}$$

表 4.5　データ表（単位：MPa）

因子 A	因子 B		A_i水準データの和$T_{i\cdot\cdot}$
	B_1	B_2	A_i水準の平均$\overline{x}_{i\cdot\cdot}$
	A_iB_j水準データの和$T_{ij\cdot}$ A_iB_j水準の平均$\overline{x}_{ij\cdot}$		
A_1	401　410 811 405.5	397　395 792 396.0	1603 400.75
A_2	480　494 974 487.0	464　451 915 457.5	1889 472.25
A_3	398　412 810 405.0	388　400 788 394.0	1598 399.50
B_j水準データの和$T_{\cdot j\cdot}$ B_j水準の平均$\overline{x}_{\cdot j\cdot}$	2595 432.50	2495 415.83	合計 $T = 5090$ 総平均$\overline{x} = 424.17$

$$\sum_i a_i=0,\quad \sum_j b_j=0,\quad \sum_i (ab)_{ij}=\sum_j (ab)_{ij}=0,\quad \varepsilon_{ijk}\sim N(0,\ \sigma^2)$$

手順3　データのグラフ化

各データと水準ごとの平均値をプロットした**図4.4**から，以下のことがわかる．

- 特に異常な値はない
- 各水準で誤差の分散に違いはなさそうである
- 各水準の母平均は異なっていそうで，因子 A, B の効果はありそうである
- 交互作用の効果はなさそうである（平均値のグラフが平行に近い）
- 水準間の比較では A_2, B_1 水準の強度が高そうである

手順4　平方和の計算

表4.5から，各平方和は，

$$S_T=\sum_i \sum_j \sum_k (x_{ijk}-\bar{\bar{x}})^2=15351.7$$

$$S_A=\sum_i \sum_j \sum_k (\bar{x}_{i\cdot\cdot}-\bar{\bar{x}})^2=13875.2$$

$$S_B=\sum_i \sum_j \sum_k (\bar{x}_{\cdot j\cdot}-\bar{\bar{x}})^2=833.4$$

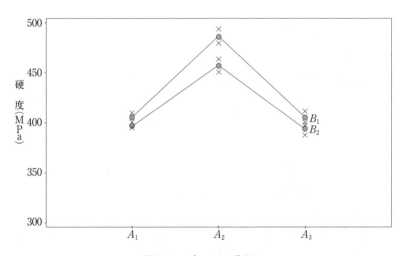

図4.4　データのグラフ

$$S_{AB}=\sum_i \sum_j \sum_k (\bar{x}_{ij\cdot}-\bar{\bar{x}})^2=14956.7$$

$$S_{A\times B}=S_{AB}-S_A-S_B=248.1$$

$$S_E=S_T-S_{AB}=395.0$$

と求める．手計算で行う場合には，下の式を使うと便利である．

$$CT=\frac{(データの総和)^2}{(データの総数)}=\frac{T^2}{N}=2159008.3 \quad (修正項)$$

$$S_T=(データの2乗の総和)-(修正項)=\sum_i\sum_j\sum_k x_{ijk}^2-CT$$

$$=2174360-2159008.3=15351.7$$

$$S_A=\sum_i \frac{(A_i水準のデータの和)^2}{(A_i水準のデータ数)}-(修正項)=\sum_i \frac{T_{i\cdot\cdot}^2}{mr}-CT$$

$$=2172883.5-2159008.3=13875.2$$

$$S_B=\sum_j \frac{(B_j水準のデータの和)^2}{(B_j水準のデータ数)}-(修正項)=\sum_j \frac{T_{\cdot j\cdot}^2}{lr}-CT$$

$$=2159841.7-2159008.3=833.4$$

$$S_{AB}=\sum_i\sum_j \frac{(A_iB_j水準のデータの和)^2}{(A_iB_j水準のデータ数)}-(修正項)=\sum_i\sum_j \frac{T_{ij\cdot}^2}{r}-CT$$

$$=2173965-2159008.3=14956.7$$

$$S_{A\times B}=S_{AB}-S_A-S_B=14956.7-13875.2-833.4=248.1$$

$$S_E=S_T-S_{AB}=15351.7-14956.7=395.0$$

手順 5　自由度の計算

$$\phi_T=lmr-1=11$$

$$\phi_A=l-1=2$$

$$\phi_B=m-1=1$$

$$\phi_{A\times B}=(l-1)(m-1)=\phi_A\times\phi_B=2$$

$$\phi_E=\phi_T-\phi_A-\phi_B-\phi_{A\times B}=6$$

手順 6　分散分析表の作成

　上で求めた各平方和と自由度を分散分析表(**表 4.6**)に記入し，さらに表 4.4 の手順により分散 V および分散比 F_0 を求める．

表 4.6　分散分析表

要因	平方和 S	自由度 ϕ	分散 V	分散比 F_0
A	13875	2	6937.5	105.4**
B	833	1	833.0	12.7*
$A \times B$	248	2	124.0	1.88
E(誤差)	395	6	65.8	
計	15352	11		

$F(2, 6 ; 0.05) = 5.14,\ \ F(2, 6 ; 0.01) = 10.9$
$F(1, 6 ; 0.05) = 5.99,\ \ F(1, 6 ; 0.01) = 13.7$

手順7　判定

　分散分析の結果, 因子 A は有意水準 1% で有意であると判断され, 因子 B も有意水準 5% で有意であると判断された. 交互作用 $A \times B$ は有意ではなく, F_0 値も 1.88 と小さい.

手順8　プーリングについての検討

　分散分析表において, 交互作用 $A \times B$ が有意でなく F_0 値も小さく, かつ固有技術の観点からも無視できると考えられる場合には, S_E と $S_{A \times B}$ とをプールして,

$$S_{E'} = S_E + S_{A \times B}$$
$$\phi_{E'} = \phi_E + \phi_{A \times B}$$
$$V_{E'} = S_{E'} / \phi_{E'}$$

として, $V_{E'}$ を新たに誤差の分散とする. プーリングの目安は「F_0 値が 2 以下」, または「有意水準 20% 程度で有意でない」とされる場合が多い. さらに固有技術の側面からの検討も必要である.

　$A \times B$ は有意でなく F_0 値も 2 以下であるので, 誤差にプールし, 分散分析表を作り直す(表 **4.7**).

　プーリング後の分散分析の結果, 因子 A は有意水準 1% で, 因子 B は有意水準 5% で有意であると判断された. すなわち因子 A, 因子 B の効果はあり,

表 4.7　分散分析表(プーリング後)

要因	平方和 S	自由度 ϕ	分散 V	分散比 F_0
A	13875	2	6937.5	86.3**
B	833	1	833.0	10.4*
E'(誤差)	643	8	80.4	
計	15352	11		

$F(2, 8 ; 0.05) = 4.46, \ F(2, 8 ; 0.01) = 8.65$
$F(1, 8 ; 0.05) = 5.32, \ F(1, 8 ; 0.01) = 11.3$

合金成分 Q の添加量と合金成分 R の添加量を変えることにより鋼板の強度の母平均は異なるといえる.

(2)　分散分析後の推定の手順

最適水準(強度が最も高くなる水準)における母平均の推定を行う.

手順 1　分散分析後のデータの構造式の設定

分散分析の結果, 因子 A, B の効果があり交互作用 $A \times B$ を無視したので, 分散分析の手順 2 とは異なり,

$$x_{ijk} = \mu + a_i + b_j + \varepsilon_{ijk}$$
$$\sum_i a_i = 0, \ \sum_j b_j = 0, \ \varepsilon_{ijk} \sim N(0, \sigma^2)$$

とする.

これから, $A_i B_j$ 水準の母平均は,

$$\widehat{\mu}(A_i B_j) = \widehat{\mu + a_i + b_j} = \widehat{\mu + a_i} + \widehat{\mu + b_j} - \widehat{\mu} = \bar{x}_{i\cdot\cdot} + \bar{x}_{\cdot j\cdot} - \bar{\bar{x}}$$

となる.

手順 2　最適水準の設定

表 4.5 から, それぞれの平均値が最も大きい A_2 水準と B_1 水準が強度の最も高くなる最適水準となる.

手順 3　母平均の点推定

$$\widehat{\mu}(A_2 B_1) = \bar{x}_{2\cdot\cdot} + \bar{x}_{\cdot 1\cdot} - \bar{\bar{x}} = \frac{1889}{4} + \frac{2595}{6} - \frac{5090}{12} = 480.58 \quad \text{(MPa)}$$

手順4 母平均の区間推定

信頼率 $(1-\alpha)$ での区間推定は，以下の式で求める．

$$\widehat{\mu}(A_iB_j) \pm t(\phi_{E'}, \alpha)\sqrt{\frac{V_{E'}}{n_e}}$$

$\phi_{E'}$ は分散分析表の誤差の自由度

$V_{E'}$ は分散分析表の誤差分散

ここで，n_e は有効反復数(有効繰返し数)と呼ばれ，点推定値がいくつの データの平均値になっているかを示す数値であり，整数にならないこともある． 有効反復数は，伊奈の式および田口の式と呼ばれる以下の公式によって求める ことができる．

$$\frac{1}{n_e} = (\text{点推定に用いられる係数の和}) \quad (\text{伊奈の式})$$

$$\frac{1}{n_e} = \frac{(\text{無視しない要因の自由度の総和})+1}{(\text{総実験数})} \quad (\text{田口の式})$$

信頼率95%の区間推定を行うと，

$$\frac{1}{n_e} = \frac{1}{4} + \frac{1}{6} - \frac{1}{12} = \frac{1}{3} \quad (\text{伊奈の式})$$

$$\frac{1}{n_e} = \frac{(2+1)+1}{12} = \frac{1}{3} \quad (\text{田口の式})$$

$$\widehat{\mu}(A_2B_1) \pm t(\phi_{E'}, 0.05)\sqrt{\frac{V_{E'}}{n_e}} = 480.58 \pm 2.306\sqrt{\frac{80.4}{3}}$$

$$= 468.64, \quad 492.52 \quad (\text{MPa})$$

となる．

(3) 交互作用を無視しない場合の推定の手順

同様に，最適水準(強度が最も高くなる水準)における母平均の推定を行う．

手順1 分散分析後のデータの構造式の設定

分散分析の手順2と同様に，

$$x_{ijk} = \mu + a_i + b_j + (ab)_{ij} + \varepsilon_{ijk}$$

とする.

これから, A_iB_j 水準の母平均は,

$$\hat{\mu}(A_iB_j)=\overline{\mu+a_i+b_j+(ab)_{ij}}=\bar{x}_{ij\cdot}$$

となる.

手順2　最適水準の設定

表 4.5 から, 平均値が最も大きい組合せである A_2B_1 水準が強度の最も高くなる最適水準となる.

手順3　母平均の点推定

$$\hat{\mu}(A_2B_1)=\bar{x}_{21\cdot}=\frac{974}{2}=487.00 \quad (\mathrm{MPa})$$

手順4　母平均の区間推定

信頼率 95%の区間推定を行うと,

$$\hat{\mu}(A_2B_1)\pm t(\phi_E, 0.05)\sqrt{\frac{V_E}{r}}=487.00\pm2.447\sqrt{\frac{65.8}{2}}$$

$$=472.96, \quad 501.04$$

となる.

注：プーリングを行わないので, 誤差の自由度と誤差の分散は, プーリング前の分散分析表である表 4.6 の値を用いることに注意する.

注：点推定値が 2 個のデータの平均値であるので, $r=2$ で計算される. 以下のように有効反復数の式を使っても同様の結果となる.

$$\frac{1}{n_e}=\frac{1}{2} \quad (伊奈の式)$$

$$\frac{1}{n_e}=\frac{(2+1+2)+1}{12}=\frac{1}{2} \quad (田口の式)$$

4.3.5　繰返しのない二元配置実験

繰返しのない二元配置実験は交互作用と誤差が交絡してしまう(分離できない)ために, 交互作用が技術的に完全に無視できるという確信がある場合以外

には適用を避けたほうがよい.

4.3.6 繰返しのない二元配置実験の分散分析と推定の仕組み

(1) データの構造式

A_iB_j の組合せ条件でのデータを x_{ij} とすると,

$x_{ij} = \mu + a_i + b_j + \varepsilon_{ij}$

ただし,

μ：一般平均

a_i：因子 A の主効果 $(i=1,\ 2,\ \cdots,\ l)$ $\sum_i a_i = 0$

b_j：因子 B の主効果 $(j=1,\ 2,\ \cdots,\ m)$ $\sum_j b_j = 0$

ε_{ij}：誤差 $\varepsilon_{ij} \sim N(0,\ \sigma^2)$

繰返しのある場合と比較すると, 仮に交互作用があったとしても交互作用 $(ab)_{ij}$ と誤差 ε_{ij} の添字が同じになるので, これらを分離できない. この状態を交互作用と誤差が交絡しているという.

(2) 平方和の分解

総平方和：
$$S_T = \sum_i \sum_j (x_{ij} - \bar{\bar{x}})^2$$
因子 A の平方和：
$$S_A = \sum_i \sum_j (\bar{x}_{i\cdot} - \bar{\bar{x}})^2$$
因子 B の平方和：
$$S_B = \sum_i \sum_j (\bar{x}_{\cdot j} - \bar{\bar{x}})^2$$
誤差平方和：
$$S_E = S_T - S_A - S_B$$

(3) 自由度

$$\phi_T = lm - 1$$
$$\phi_A = l - 1$$

$$\phi_B = m - 1$$
$$\phi_E = \phi_T - \phi_A - \phi_B$$

(4)　分散分析表の作成

分散分析表を作成する(表 4.8).

(5)　分散分析後の推定

繰返しのない二元配置実験の分散分析表は,見かけ上繰返しのある場合のプーリング後の分散分析表と同様になるので,推定については 4.3.4 項(2)と同様に行える.

$A_i B_j$ 水準の母平均:

$$\widehat{\mu}(A_i B_j) = \widehat{\mu + a_i + b_j} = \widehat{\mu + a_i} + \widehat{\mu + b_j} - \widehat{\mu}$$
$$= \bar{x}_{i\cdot} + \bar{x}_{\cdot j} - \bar{\bar{x}}$$

最適水準の設定:

因子 A,B それぞれについて,最も好ましい水準を選ぶ.

母平均の点推定:

$$\widehat{\mu}(A_i B_j) = \bar{x}_{i\cdot} + \bar{x}_{\cdot j} - \bar{\bar{x}}$$

母平均の区間推定:

$$\widehat{\mu}(A_i B_j) \pm t(\phi_E, \alpha)\sqrt{\frac{V_E}{n_e}}$$

表 4.8　分散分析表

要因	平方和 S	自由度 ϕ	分散 V	分散比 F_0
A	S_A	ϕ_A	$V_A = S_A / \phi_A$	$F_0 = V_A / V_E$
B	S_B	ϕ_B	$V_B = S_B / \phi_B$	$F_0 = V_B / V_E$
E(誤差)	S_E	ϕ_E	$V_E = S_E / \phi_E$	
計	S_T	ϕ_T		

$$\frac{1}{n_e} = (\text{点推定に用いられる係数の和}) \quad (\text{伊奈の式})$$

$$\frac{1}{n_e} = \frac{(\text{無視しない要因の自由度の総和}) + 1}{\text{総実験数}} \quad (\text{田口の式})$$

4.4 直交配列表実験

4.4.1 直交配列表実験とは

　問題解決や研究開発の初期の段階では，多くの因子を同時に取り上げ，検討をする場合が多い．しかしながら，取り上げる因子が増え，さらに水準数が増えると，総実験回数は急激に増大する．例えば，2水準の因子を同時に8個取り上げてすべての水準組合せの実験を行った場合，総実験回数は256にも及ぶ．しかし，それだけ実験を行っても検出できる主効果は8個に過ぎず，多くの実験は3因子以上の交互作用の検出に費やされているといっても過言ではない．3因子以上の交互作用は，技術的な解釈も困難であり，現実に存在しないことも多いと考えられる．

　このような場合によく使われるのが直交配列表実験である．すべての水準組合せの実験を行わず，一部の水準組合せの実験を行うことによって，少ない実験回数で知りたい要因効果を検討することができる．

　直交配列表実験には，以下のような特徴がある．

- 直交配列表の列に因子を割り付ける(1つの因子と1つの列を対応づける)ことによって，割り付けた列の水準番号から実施すべき実験の水準組合せがわかる
- 取り上げた因子の主効果を検定できる
- 検討する交互作用は2因子交互作用に限定し，そのうち事前の情報から取り上げるものを選定する
- 取り上げた2因子交互作用の効果を検定できる
- 問題解決などの初期の段階で実施する「大網を張った実験」という位置づ

けから，交互作用はもちろん主効果もプーリングを行う

- データの構造式の設定，平方和・自由度の計算，分散分析表の作成，推定については，一元配置実験，二元配置実験と同様の考え方で行うことができる

直交配列表には，2水準の因子を扱う2水準系直交配列表，3水準の因子を扱う3水準系直交配列表がある．

4.4.2　2水準系直交配列表実験

2水準系直交配列表には，$L_4(2^3)$，$L_8(2^7)$，$L_{16}(2^{15})$，$L_{32}(2^{31})$ などの種類がある．

例えば，表4.9に示す $L_{16}(2^{15})$ では，16は行の数で総実験回数を表す．2は2水準系を示し，15は列の数で誤差を含む要因の最大数である．下段に示されている a や b などの成分の記号は，交互作用の現れる列を求めるためなどに必要となる（データの構造式で主効果を示す記号とは別のものなので注意）．

(1)　2水準系直交配列表実験の基本的な手順

1) 取り上げる因子を決め，列に因子の名前（A, B, C, D などの記号，E は誤差と混同するので使わない場合が多い）を割り付ける．

2) 因子を割り付けることで実験を実施する各因子の水準組合せがわかる（表中の1, 2は水準番号を表す）．

3) 2)で指定された水準組合せの実験をランダムな順序で行いデータを得る

4) 交互作用の取扱い
   - 主効果のみを取り上げ，交互作用をまったく考慮しない場合には，取り上げた因子を任意の列に割り付ければよい
   - 交互作用は2因子交互作用のみとし，さらに実験に取り上げる2因子交互作用を事前に決めておく
   - 2因子交互作用は，次のルールに従い1つの列に現れる

表4.9 割り付けとデータ

割り付け	A	B	A×B	F	G	誤差	誤差	C	A×C	誤差	D	誤差	誤差	D×G	D×F	データ x	x²
列番	[1]	[2]	[3]	[4]	[5]	[6]	[7]	[8]	[9]	[10]	[11]	[12]	[13]	[14]	[15]		
1	1	1	1	1	1	1	1	1	1	1	1	1	1	1	1	52	2704
2	1	1	1	1	1	1	1	2	2	2	2	2	2	2	2	103	10609
3	1	1	1	2	2	2	2	1	1	1	1	2	2	2	2	50	2500
4	1	1	1	2	2	2	2	2	2	2	2	1	1	1	1	166	27556
5	1	2	2	1	1	2	2	1	1	2	2	1	1	2	2	124	15376
6	1	2	2	1	1	2	2	2	2	1	1	2	2	1	1	87	7569
7	1	2	2	2	2	1	1	1	1	2	2	2	2	1	1	187	34969
8	1	2	2	2	2	1	1	2	2	1	1	1	1	2	2	41	1681
9	2	1	2	1	2	1	2	1	2	1	2	1	2	1	2	185	34225
10	2	1	2	1	2	1	2	2	1	2	1	2	1	2	1	125	15625
11	2	1	2	2	1	2	1	1	2	1	2	2	1	2	1	223	49729
12	2	1	2	2	1	2	1	2	1	2	1	1	2	1	2	131	17161
13	2	2	1	1	2	2	1	1	2	2	1	1	2	2	1	134	17956
14	2	2	1	1	2	2	1	2	1	1	2	2	1	1	2	77	5929
15	2	2	1	2	1	1	2	1	2	2	1	2	1	1	2	65	4225
16	2	2	1	2	1	1	2	2	1	1	2	1	2	2	1	154	23716
成分	a	a		a	a		a		a		a			a	a	$\sum x =$ 1904	$\sum x^2 =$ 271530
	b	b			b	b			b	b				b	b		
			c	c	c	c						c	c	c	c		
							d	d	d	d	d	d	d	d	d		

因子 Y と Z を割り付けた列のそれぞれの成分記号が p, q である とき，成分記号が $p \times q$ となる列に交互作用 $Y \times Z$ が現れる．ただ し，$a^2 = b^2 = c^2 = \cdots = 1$ とする．例えば，[1]列と[3]列の成分記号 は，a, ab なので，$a \times ab = a^2 b = b$ となり，[1]列と[3]列に割り付 けた因子の交互作用は，成分記号が b である[2]列に現れる．

- 交互作用の自由度は，それぞれ $1 \times 1 = 1$ である
- 交互作用が現れた列には，他の主効果を割り付けないように（交絡しないように），全体の割り付け方を工夫する

5) 因子が割り付けられていない列と，取り上げた交互作用が現れない列はすべて誤差列となる．

6)　得られたデータから各列の平方和を求める．各列の平方和を列平方和という．

平方和の計算は，以下のように一元配置実験や二元配置実験と同様にできる．

第$[k]$列の平方和$S_{[k]} = \sum_i \sum_j (\bar{x}_{[k]i} - \bar{\bar{x}})^2$

ただし，$\bar{\bar{x}}$は総平均，iは水準，jは各水準のデータの順である．

手計算で行う場合には，以下の式を使うと便利である．

$$CT = \frac{(\text{データの総和})^2}{(\text{データの総数})} = \frac{T^2}{N}$$

$$S_{[k]} = \sum_i \frac{(\text{第}i\text{水準のデータの和})^2}{(\text{第}i\text{水準のデータ数})} - CT$$

さらに，2水準系の場合は下記の式でも求めることができる．

$$S_{[k]} = \frac{\{(\text{第}1\text{水準のデータの和}) - (\text{第}2\text{水準のデータの和})\}^2}{(\text{データの総数})}$$

$$= \frac{(T_{[k]1} - T_{[k]2})^2}{N}$$

7)　各列の自由度を求める．列自由度$\phi_{[k]}$は2水準なのですべて1である．

$$\phi_{[k]} = 2 - 1 = 1$$

8)　因子の主効果の平方和と自由度は，その因子を割り付けた列の平方和と自由度になる．

9)　交互作用の平方和と自由度は，その交互作用が現れる列の平方和と自由度になる．

10)　誤差平方和S_Eはすべての誤差列の平方和の和で，誤差自由度ϕ_Eはすべての誤差列の自由度の和となる．

11)　総平方和S_Tはすべての列の平方和の合計に等しい．総自由度ϕ_Tはすべての列の自由度の合計に等しい．

12)　1)〜11)から分散分析表を作成する．

(2)　割り付け

　直交配列表に因子を割り付ける際には，主効果と交互作用が交絡しないように試行錯誤しながら割り付けを行うこともできるが，より簡便で確実な方法として，線点図を用いる方法がある.

　線点図は，因子(主効果)を点で表し，2点を結んだ線分が交互作用を表す図で，各数字は列番号を示す. 各種の線点図が用意されている(図4.5).

　線点図を用いた割り付けは以下のように行う.

　1)　各種の線点図の中から取り上げた因子(主効果)と交互作用が表現できる

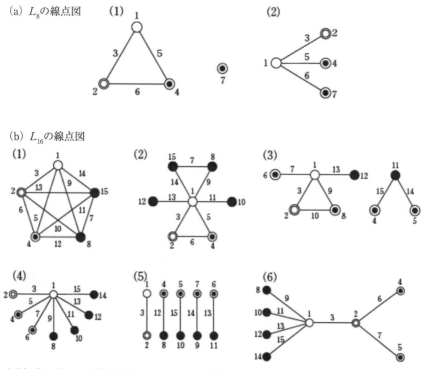

(a) L_8の線点図

(b) L_{16}の線点図

出典)　森口繁一，日科技連数値表委員会編：『新編　日科技連数値表—第2版』，日科技連出版社，2009年.

図4.5　2水準系直交配列表の線点図の例

線点図を選ぶ.

2) 交互作用に関係する因子を割り付ける列番号と，それらの交互作用が現れる列番号を見出す.

3) 交互作用に関係しない因子は空いた列に割り付ける.

4) 因子を割り付けていない列と交互作用が現れない列は，すべて誤差列となる.

4.4.3　2水準系直交配列表実験の実際

以下の例題によって，2水準系直交配列表実験の解析の手順を説明する.

【例題】

金属皮膜を厚くするため，皮膜処理条件の変更を検討することにした. 金属皮膜厚に影響を及ぼすと考えられる次の6つの因子(2水準)を取り上げ，実験を行った.

A：処理液の濃度

B：添加剤の流動性

C：添加剤の量

D：処理液の温度

F：処理液の撹拌時間

G：処理時の電流密度

交互作用としては，$A \times B$, $A \times C$, $D \times F$, $D \times G$の4つが技術的に考えられ，L_{16}直交配列表実験とした. 割り付けを表4.9(p.97)に示す. 値は大きいほうが望ましい.

【解答】

(1)　分散分析の手順

手順1　実験とデータの採取

計16回の実験をランダムな順序で行い，金属皮膜厚を測定した結果，表

4.9のデータを得た.

手順2 データの構造式の設定

$$x = \mu + a + b + c + d + f + g + (ab) + (ac) + (df) + (dg) + \varepsilon$$

$$\sum a = \sum b = \sum c = \sum d = \sum f = \sum g = 0$$

$$\sum (ab) = (ab)_{11} + (ab)_{12} = (ab)_{21} + (ab)_{22} = (ab)_{11} + (ab)_{21}$$
$$= (ab)_{12} + (ab)_{22} = 0$$

$$\sum (ac) = \sum (df) = \sum (dg) = 0$$

$$\varepsilon \sim N(0, \ \sigma^2)$$

手順3 交互作用の現れる列

交互作用$A \times B : a \times b = ab$	第[6]列
交互作用$A \times C : a \times d = ad$	第[9]列
交互作用$D \times F : abd \times c = abcd$	第[15]列
交互作用$D \times G : abd \times ac = a^2bcd = bcd$	第[14]列

残りの第[6]列, 第[7]列, 第[10]列, 第[12]列, 第[13]列は誤差列とする.

手順4 データのグラフ化

各データと水準ごとの平均値をプロットした**図4.6**から, 以下のことがわかる.

- 主効果A, Dは効果がありそうであるが, B, C, F, Gは判然としない
- 交互作用に関しては, $A \times B$, $D \times F$は効果がありそうであるが, その他は判然としない

手順5 平方和の計算

表4.9と**表4.10**から各平方和を求める.

総平方和:

$$S_T = \sum (x - \bar{x})^2 = 44954.00$$

手計算で行う場合には, 以下の式を使うと便利である.

$$CT = \frac{(データの総和)^2}{(データの総数)} = \frac{T^2}{N} = 226576 \quad (修正項)$$

$$S_T = (データの2乗の総和) - (修正項) = \sum x^2 - CT$$
$$= 271530 - 226576 = 44954$$

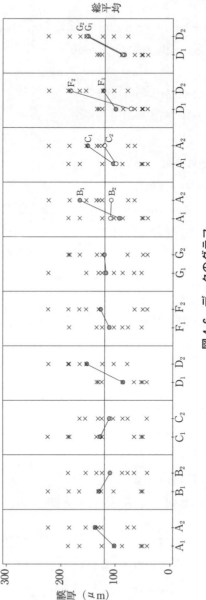

図 4.6　データのグラフ

表 4.10　各列の水準ごとのデータの和・平均と列平方和

列番 k	割り付け	第1水準 データの和$T_{[k]1}$, 平均$\bar{x}_{[k]1}$		第2水準 データの和$T_{[k]2}$, 平均$\bar{x}_{[k]2}$		列平方和 $S_{[k]}$
1	A	810,	101.250	1094,	136.750	5041.00
2	B	1035,	129.375	869,	108.625	1722.25
3	$A \times B$	801,	100.125	1103,	137.875	5700.25
4	F	887,	110.875	1017,	127.125	1056.25
5	G	939,	117.375	965,	120.625	42.25
6	誤差	912,	114.000	992,	124.000	400.00
7	誤差	948,	118.500	956,	119.500	4.00
8	C	1020,	127.500	884,	110.500	1156.00
9	$A \times C$	900,	112.500	1004,	125.500	676.00
10	誤差	869,	108.625	1035,	129.375	1722.25
11	D	685,	85.625	1219,	152.375	17822.25
12	誤差	987,	123.375	917,	114.625	306.25
13	誤差	873,	109.125	1031,	128.875	1560.25
14	$D \times G$	950,	118.750	954,	119.25	1.00
15	$D \times F$	1128,	141.000	776,	97.000	7744.00
合計		合計 $T = 1904$, 総平均$\bar{\bar{x}} = 119.0$				44954.00

列平方和：

$$第[k]列の平方和 S_{[k]} = \sum_i \sum_j (\bar{x}_{[k]i} - \bar{\bar{x}})^2$$

手計算で行う場合には，以下の式を使うと便利である．

$$S_{[k]} = \sum_i \frac{(第i水準のデータの和)^2}{(第i水準のデータ数)} - CT = \sum_i \frac{T_{[k]i}^2}{8} - CT$$

各主効果と交互作用の平方和は，割り付けられている列の平方和より求める．

また，誤差平方和 S_E は，

$$S_E = S_{[6]} + S_{[7]} + S_{[10]} + S_{[12]} + S_{[13]} = 3992.75$$

と求める．

総平方和は，各列の平方和 $S_{[k]}$ の和 $S_{[1]} + S_{[2]} + \cdots S_{[15]} = 44954.00$ と一致する．

手順6　自由度の計算

$$\phi_T = N - 1 = 15$$

すべての主効果，交互作用の自由度は1である．また誤差列の数は5つで
あったので，

$\phi_E = 5$

となる. 総自由度 ϕ_T はすべての列の自由度の合計に等しい.

手順7　分散分析表の作成

分散分析表(表 4.11)を作成する.

手順8　判定

分散分析の結果, 主効果 D が有意水準1%で有意であると判断され, 交互作用 $A \times B$, $D \times F$ は有意水準5%で有意であると判断された.

手順9　プーリングについての検討

主効果 A, B は F_0 値が2以上のためプールせず, 主効果 F も交互作用 $D \times F$ をプールしないためプールしない. F_0 値の小さな主効果 C, G, 交互作用 $A \times C$, $D \times G$ を誤差にプールして, 分散分析表を作り直す(表 4.12).

プーリング後の分散分析の結果, 主効果 D, 交互作用 $D \times F$ が有意水準1%

表4.11　分散分析表

要因	平方和 S	自由度 ϕ	分散 V	分散比 F_0
A	5041.00	1	5041.00	6.31
B	1722.25	1	1722.25	2.16
C	1156.00	1	1156.00	1.45
D	17822.25	1	17822.25	22.3**
F	1056.25	1	1056.25	1.32
G	42.25	1	42.25	0.05
$A \times B$	5700.25	1	5700.25	7.14*
$A \times C$	676.00	1	676.00	0.85
$D \times F$	7744.00	1	7744.00	9.70*
$D \times G$	1.00	1	1.00	0.00
E(誤差)	3992.75	5	798.55	
計	44954.00	15		

$F(1, 5 ; 0.05) = 6.61$,　$F(1, 5 ; 0.01) = 16.3$

表 4.12 分散分析表（プーリング後）

要因	平方和 S	自由度 ϕ	分散 V	分散比 F_0
A	5041.00	1	5041.00	7.73*
B	1722.25	1	1722.25	2.64
D	17822.25	1	17822.25	27.3**
F	1056.25	1	1056.25	1.62
$A \times B$	5700.25	1	5700.25	8.74*
$D \times F$	7744.00	1	7744.00	11.9**
E'(誤差)	5868.00	9	652.00	
計	44954.00	15		

$F(1, 9 ; 0.05) = 5.12$, $F(1, 9 ; 0.01) = 10.6$

で有意となり，主効果 A，交互作用 $A \times B$ が有意水準5%で有意となった．

注：交互作用をプールしないときは，それに関わる主効果はプールしない．

(2) 分散分析後の推定の手順

最適条件（金属皮膜厚が最も高くなる条件）における母平均の推定を行う．

手順1 分散分析後のデータの構造式の設定

分散分析の結果，分散分析の手順2とは異なり，

$$x = \mu + a + b + d + f + (ab) + (df) + \varepsilon$$

とする．

これから，因子 A, B, D, F の水準組合せの母平均の点推定値は，

$$\hat{\mu}(ABDF) = \overline{\mu + a + b + d + f + (ab) + (df)}$$
$$= \overline{\mu + a + b + (ab)} + \overline{\mu + d + f + (df)} - \hat{\mu}$$

となる．

手順2 最適水準の設定

表 4.13 から，平均値が最も大きい組合せは A_2B_1 水準であり，表 4.14 から

表4.13　AB2元表

	B_1	B_2
A_1	$T_{A_1B_1}=52+103+50+166=371$ $\bar{x}_{A_1B_1}=92.8$	$T_{A_1B_2}=124+87+187+41=439$ $\bar{x}_{A_1B_2}=109.8$
A_2	$T_{A_2B_1}=185+125+223+131=664$ $\bar{x}_{A_2B_1}=166.0$	$T_{A_2B_2}=134+77+65+154=430$ $\bar{x}_{A_2B_2}=107.5$

表4.14　DF2元表

	F_1	F_2
D_1	$T_{D_1F_1}=52+87+125+134=398$ $\bar{x}_{D_1F_1}=99.5$	$T_{D_1F_2}=50+41+131+65=287$ $\bar{x}_{D_1F_2}=71.8$
D_2	$T_{D_2F_1}=103+124+185+77=489$ $\bar{x}_{D_2F_1}=122.3$	$T_{D_2F_2}=166+187+223+154=730$ $\bar{x}_{D_2F_2}=182.5$

平均値が最も大きい組合せは D_2F_2 水準である．すなわち，最適条件は $A_2B_1D_2F_2$ となる．

手順3　母平均の点推定

$$\hat{\mu}(A_2B_1D_2F_2)=\overline{\mu+a_2+b_1+d_2+f_2+(ab)_{21}+(df)_{22}}$$
$$=\overline{\mu+a_2+b_1+(ab)_{21}}+\overline{\mu+d_2+f_2+(df)_{22}}-\hat{\mu}$$
$$=\bar{x}_{A_2B_1}+\bar{x}_{D_2F_2}-\bar{\bar{x}} \quad (\mu\text{m})$$
$$=\frac{664}{4}+\frac{730}{4}-\frac{1904}{16}=229.5 \quad (\mu\text{m})$$

手順4　母平均の区間推定

有効反復数（有効繰返し数）は，

$$\frac{1}{n_e}=\frac{1}{4}+\frac{1}{4}-\frac{1}{16}=\frac{7}{16} \qquad （伊奈の式）$$

$$\frac{1}{n_e}=\frac{(1+1+1+1+1+1)+1}{16}=\frac{7}{16} \quad （田口の式）$$

となるので，信頼率 95% の区間推定を行うと，

$$\hat{\mu}(A_2B_1D_2F_2) \pm t(\phi_{E'}, 0.05)\sqrt{\frac{V_{E'}}{n_e}} = 229.5 \pm 2.262 \times \sqrt{652.00 \times \frac{7}{16}}$$

$$= 229.5 \pm 38.2$$

$$= 191.3, \quad 267.7 \quad (\mu\text{m})$$

となる．

4.4.4　3 水準系直交配列表実験

　3 水準の因子を扱うのが 3 水準直交配列表実験である．2 水準では，因子の効果は判定することができても，最適な水準がいずれかの水準であるとは限らない．延長上にあるかもしれないし，また水準の間にある可能性も否定できない．しかし，3 水準を設定して中間の水準が最も好ましい水準であったとすれば，この近傍に最適水準がある可能性が高いといえる．このように，3 水準を設定することに技術的な意味がある場合などに適用する．

　考え方や解析方法は 2 水準系とほぼ同様であるが，3 水準因子の主効果の自由度は 2 であるので，1 つの列の自由度が 2 であること，また交互作用の自由度が 2×2＝4 となる点が大きく異なる．このため，交互作用は 2 つの列に現れることに注意が必要である．3 水準系直交配列表には，$L_9(3^4)$，$L_{27}(3^{13})$，$L_{81}(3^{40})$ などの種類がある．

　例えば，表 4.15 に示す $L_{27}(3^{13})$ では，27 は行の数で総実験回数を表す．3 は 3 水準系を示し，13 は列の数である．

(1)　3 水準系直交配列表実験の基本的な手順

ほとんど 2 水準系と同じであるが，異なる点に下線を入れる．

1)　取り上げる因子を決め，列に因子の名前（A, B, C, D などの記号，E は誤差と混同するので使わない場合が多い）を割り付ける．

2)　因子を割り付けることで実験を実施する各因子の水準組合せがわかる（表中の 1, 2, 3 は水準番号を表す）．

表4.15　割り付けとデータ

（単位：sec）

割り付け列番	A	D	A×D	A×D	B	A×B	A×B	C	誤差	誤差	F	A×F	A×F	データ x	x^2
	[1]	[2]	[3]	[4]	[5]	[6]	[7]	[8]	[9]	[10]	[11]	[12]	[13]		
1	1	1	1	1	1	1	1	1	1	1	1	1	1	63	3969
2	1	1	1	1	2	2	2	2	2	2	2	2	2	64	4096
3	1	1	1	1	3	3	3	3	3	3	3	3	3	27	729
4	1	2	2	2	1	1	1	2	2	2	3	3	3	52	2704
5	1	2	2	2	2	2	2	3	3	3	1	1	1	48	2304
6	1	2	2	2	3	3	3	1	1	1	2	2	2	61	3721
7	1	3	3	3	1	1	1	3	3	3	2	2	2	75	5625
8	1	3	3	3	2	2	2	1	1	1	3	3	3	42	1764
9	1	3	3	3	3	3	3	2	2	2	1	1	1	46	2116
10	2	1	2	3	1	2	3	1	2	3	1	2	3	59	3481
11	2	1	2	3	2	3	1	2	3	1	2	3	1	68	4624
12	2	1	2	3	3	1	2	3	1	2	3	1	2	49	2401
13	2	2	3	1	1	2	3	2	3	1	3	1	2	46	2116
14	2	2	3	1	2	3	1	3	1	2	1	2	3	66	4356
15	2	2	3	1	3	1	2	1	2	3	2	3	1	80	6400
16	2	3	1	2	1	2	3	3	1	2	2	3	1	86	7396
17	2	3	1	2	2	3	1	1	2	3	3	1	2	66	4356
18	2	3	1	2	3	1	2	2	3	1	1	2	3	97	9409
19	3	1	3	2	1	3	2	1	3	2	1	3	2	62	3844
20	3	1	3	2	2	1	3	2	1	3	2	1	3	64	4096
21	3	1	3	2	3	2	1	3	2	1	3	2	1	44	1936
22	3	2	1	3	1	3	2	2	1	3	3	2	1	39	1521
23	3	2	1	3	2	1	3	3	2	1	1	3	2	49	2401
24	3	2	1	3	3	2	1	1	3	2	2	1	3	82	6724
25	3	3	2	1	1	3	2	3	2	1	2	1	3	89	7921
26	3	3	2	1	2	1	3	1	3	2	3	2	1	29	841
27	3	3	2	1	3	2	1	2	1	3	1	3	2	45	2025
	a			a		a	a		a	a		a	a		
		a														
成分			b^2					b	b	b^2	b	b^2	b	$\sum x =$ 1598	$\sum x^2 =$ 102876
		b	b												
					c	c	c^2	c	c	c^2	c^2	c	c^2		

3)　2)で指定された水準組合せの実験をランダムな順序で行い，データを得る．

4)　交互作用の取り扱い

- 主効果のみを取り上げ，交互作用をまったく考慮しない場合には，取り上げた因子を任意の列に割り付ければよい
- 交互作用は2因子交互作用のみとし，さらに実験に取り上げる2因子交互作用を事前に決めておく
- 2因子交互作用は次のルールに従い2つの列に現れる

> 因子 Y と Z を割り付けた列のそれぞれの成分記号が p, q であるとき，成分記号が $p \times q$ および $p \times q^2$ である2つの列に交互作用 $Y \times Z$ が現れる．ただし，$a^3 = b^3 = c^3 = \cdots = 1$ とする．この手順で該当する列が見つからない場合には，得られた成分を2乗した $(pq)^2$ または $(pq^2)^2$ を考える．

- 交互作用の自由度は，その交互作用が現れる2つの列の自由度の和になる．したがって，交互作用の自由度は4となる
- 交互作用が現れた列には他の主効果を割り付けないように(交絡しないように)全体の割り付け方を工夫する

5) 因子が割り付けられておらず，また取り上げた交互作用が現れない列はすべて誤差列となる．

6) 得られたデータから各列の平方和を求める．各列の平方和を列平方和という．

平方和の計算は，以下のように一元配置実験や二元配置実験と同様にできる．

第 $[k]$ 列の平方和 $S_{[k]} = \sum_i \sum_j (\bar{x}_{[k]i} - \bar{\bar{x}})^2$

ただし，$\bar{\bar{x}}$ は総平均，i は水準，j は各水準のデータの順である．

手計算で行う場合には，以下の式を使うと便利である．

$$CT = \frac{(\text{データの総和})^2}{(\text{データの総数})} = \frac{T^2}{N}$$

$$S_{[k]} = \sum_i \frac{(\text{第} i \text{水準のデータの和})^2}{(\text{第} i \text{水準のデータ数})} - CT$$

7)　各列の自由度を求める.　列自由度 $\phi_{[k]}$ は3水準なので,　すべて2である.

$$\phi_{[k]}=3-1=2$$

8)　因子の主効果の平方和と自由度は,　その因子を割り付けた列の平方和と自由度になる.

9)　交互作用の平方和と自由度は,　その交互作用が現れる2つの列の平方和と自由度の和になる.　したがって,　交互作用の自由度は4となる.

10)　誤差平方和 S_E は,　すべての誤差列の平方和の和で,　誤差自由度 ϕ_E はすべての誤差列の自由度の和となる.

11)　総平方和 S_T は,　すべての列の平方和の合計に等しい.　総自由度 ϕ_T はすべての列の自由度の合計に等しい.

12)　1)～11)から分散分析表を作成する.

(2)　割り付け

3水準直交配列表においても線点図が用意されているので,　使用する直交配列表に応じた線点図を用い,　割り付けを行うことができる.

4.4.5　3水準系直交配列表実験の実際

以下の例題によって,　3水準系直交配列表実験の解析の手順を説明する.

【例題】

金属部品を切削加工している.　コスト低減のため,　切削時間の短縮に取り組むことになった.　今回は切削時間に影響を与えると考えられる切削条件として,　以下の5つの因子(各3水準)を取り上げ, L_{27} 直交配列表により実験した.

A：切削油の種類

B：切削油の温度

C：切削油噴射方向

D：切削油噴射時間

F：切削油噴射位置

交互作用は，技術的に見て $A \times B$，$A \times D$，$A \times F$ の 3 つが考えられる．割り付けを表 4.15(p.108) に示す．値は小さいほうが望ましい．

【解答】

(1)　分散分析の手順

手順 1　実験とデータの採取

計 27 回の実験をランダムな順序で行い，切削時間を測定した結果，**表 4.16** のデータを得た．

手順 2　データの構造式の設定

$$x = \mu + a + b + c + d + f + (ab) + (ad) + (af) + \varepsilon$$

$$\sum a = \sum b = \sum c = \sum d = \sum f = 0$$

$$\sum (ab) = (ab)_{11} + (ab)_{12} + (ab)_{13} = (ab)_{21} + (ab)_{22} + (ab)_{23}$$

$$= (ab)_{31} + (ab)_{32} + (ab)_{33}$$

$$= (ab)_{11} + (ab)_{21} + (ab)_{31} = (ab)_{12} + (ab)_{22} + (ab)_{32}$$

$$= (ab)_{13} + (ab)_{23} + (ab)_{33} = 0$$

$$\sum (ad) = \sum (af) = 0$$

$$\varepsilon \sim N(0, \sigma^2)$$

手順 3　交互作用の現れる列

交互作用 $A \times B : a \times c = ac$	第 [6] 列
$a \times c^2 = ac^2$	第 [7] 列
交互作用 $A \times D : a \times b = ab$	第 [3] 列
$a \times b^2 = ab^2$	第 [4] 列
交互作用 $A \times F : a \times bc^2 = abc^2$	第 [13] 列
$a \times (bc^2)^2 = ab^2c^4 = ab^2c$	第 [12] 列

残りの第 [9] 列，第 [10] 列は誤差列とする．

手順 4　データのグラフ化

各データと水準ごとの平均値をプロットした**図 4.7** から，以下のことがわかる．

表 4.16　各列の水準ごとのデータの和・平均と列平方和

列番号 k	割り付け	第1水準 データの和 $T_{[k]1}$ 平均 $\bar{x}_{[k]1}$	第2水準 データの和 $T_{[k]2}$ 平均 $\bar{x}_{[k]2}$	第3水準 データの和 $T_{[k]2}$ 平均 $\bar{x}_{[k]2}$	列平方和 $S_{[k]}$
1	A	478 53.111	617 68.556	503 55.889	1220.07
2	D	500 55.556	523 58.111	575 63.889	328.07
3	$A \times D$	573 63.667	500 55.556	525 58.333	305.85
4	$A \times D$	509 56.556	580 64.444	509 56.556	373.41
5	B	571 63.444	496 55.111	531 59.000	312.96
6	$A \times B$	558 62.000	516 57.333	524 58.222	110.52
7	$A \times B$	561 62.333	570 63.333	467 51.889	723.19
8	C	544 60.444	521 57.889	533 59.222	29.41
9	誤差	515 57.222	549 61.000	534 59.333	64.52
10	誤差	559 62.111	536 59.556	503 55.889	176.07
11	F	535 59.444	669 74.333	394 43.778	4202.3
12	$A \times F$	553 61.444	534 59.333	511 56.778	98.3
13	$A \times F$	503 55.889	517 57.444	578 64.222	353.41
合計		合計 $T = 1598$，総平均 $\bar{\bar{x}} = 59.185$			8298.07

- 主効果 A, F は効果がありそうであるが，その他の主効果と交互作用の効果は判然としない

手順5　平方和の計算

表 4.15 と表 4.16 から各平方和を求める．

総平方和：

$$S_T = \sum (x - \bar{\bar{x}})^2 = 8298.07$$

手計算で行う場合には，以下の式を使うと便利である．

$$CT = \frac{(データの総和)^2}{(データの総数)} = \frac{T^2}{N} = 94577.926 \quad (修正項)$$

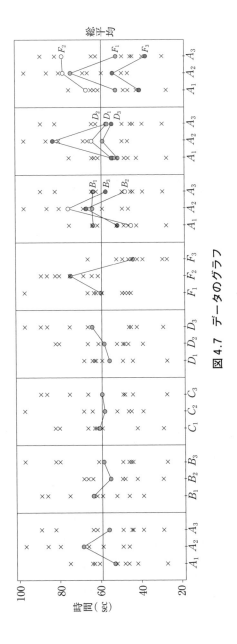

図 4.7 データのグラフ

$$S_T=(データの2乗の総数)-(修正項)=\sum x^2-CT$$

$$=102876-94577.926=8298.07$$

列平方和：

$$第[k]列の平方和 S_{[k]}=\sum_i \sum_j (\bar{x}_{[k]i}-\bar{\bar{x}})^2$$

手計算で行う場合には，以下の式を使うと便利である．

$$S_{[k]}=\sum_i \frac{(第 i 水準のデータの和)^2}{(第 i 水準のデータ数)}-CT=\sum_i \frac{T_{[k]i}^2}{9}-CT$$

各主効果と交互作用の平方和は，割り付けられている列の平方和より求める．交互作用の平方和は現れる2つの列の平方和の和になることに注意．

また，誤差平方和 S_E は，

$$S_E=S_{[9]}+S_{[10]}=240.59$$

と求める．

総平方和は，各列の平方和 $S_{[k]}$ の和 $S_{[1]}+S_{[2]}+\cdots+S_{[13]}=8298.07$ と一致する．

手順6　自由度の計算

$$\phi_T=N-1=26$$

すべての主効果の自由度は2である．また交互作用の自由度は2つの列に現れるので $2+2=4$ である．また誤差列の数は2つであったので，

$$\phi_E=2+2=4$$

となる．総自由度 ϕ_T はすべての列の自由度の合計に等しい．

手順7　分散分析表の作成

分散分析表（表4.17）を作成する．

手順8　判定

分散分析の結果，主効果 A が有意水準5%で，主効果 F が有意水準1%で有意であると判断された．

手順9　プーリングについての検討

主効果 B，D，交互作用 $A\times B$，$A\times D$ は F_0 値が2以上のためプールしない．F_0 値の小さな主効果 C と交互作用 $A\times F$ を誤差にプールして，分散分析表を作り直す（表4.18）．

表4.17 分散分析表

要因	平方和 S	自由度 ϕ	分散 V	分散比 F_0
A	1220.07	2	610.04	10.14*
B	312.96	2	156.48	2.60
C	29.41	2	14.70	0.24
D	328.07	2	164.04	2.72
F	4202.30	2	2101.05	34.93**
$A \times B$	833.70	4	208.43	3.47
$A \times D$	679.26	4	169.81	2.82
$A \times F$	451.70	4	112.93	1.88
E(誤差)	240.59	4	60.15	
計	8298.07	26		

$F(2,4 ; 0.05) = 6.94,\ F(2,4 ; 0.01) = 18.0$
$F(4,4 ; 0.05) = 6.39,\ F(4,4 ; 0.01) = 16.0$

表4.18 分散分析表(プーリング後)

要因	平方和 S	自由度 ϕ	分散 V	分散比 F_0
A	1220.07	2	610.04	8.45**
B	312.96	2	156.48	2.17
D	328.07	2	164.04	2.27
F	4202.30	2	2101.05	29.11**
$A \times B$	833.70	4	208.43	2.89
$A \times D$	679.26	4	169.81	2.35
E'(誤差)	721.70	10	72.17	
計	8298.07	26		

$F(2,10 ; 0.05) = 4.10,\ F(2,10 ; 0.01) = 7.56$
$F(4,10 ; 0.05) = 3.48,\ F(4,10 ; 0.01) = 5.99$

　プーリング後の分散分析の結果，主効果 A，F が有意水準 1% で有意となった．

(2) 分散分析後の推定の手順

　最適条件（切削時間が最も短くなる条件）における母平均の推定を行う．

手順1 分散分析後のデータの構造式の設定

　分散分析の結果，分散分析の手順2とは異なり，

$$x=\mu+a+b+d+f+(ab)+(ad)+\varepsilon$$

とする．

　これから，因子 A，B，D，F の水準組合せの母平均の点推定値は，

$$\hat{\mu}(ABDF)=\overline{\mu+a+b+d+f+(ab)+(ad)}$$

$$=\overline{\mu+a+b+(ab)}+\overline{\mu+a+d+(ad)}+\widehat{\mu+f}-\widehat{\mu+a}-\hat{\mu}$$

となる．

手順2 最適水準の設定

　点推定の式に $-\widehat{\mu+a}$ という部分があるため，A_1 水準，A_2 水準，A_3 水準のそれぞれにおいて，上式が最小になる B と D の水準を決定する必要がある．

　F については，表 4.16 より，F_3 が最小となる．

1) A_1 水準の場合

　表 4.19 の AB 2元表より B_3，表 4.20 の AD 2元表より D_1 が最小となる．

$$\hat{\mu}(A_1B_3D_1F_3)=\overline{\mu+a_1+b_3+d_1+f_3+(ab)_{13}+(ad)_{11}}$$

$$=\overline{\mu+a_1+b_3+(ab)_{13}}+\overline{\mu+a_1+d_1+(ad)_{11}}$$

$$+\widehat{\mu+f_3}-\widehat{\mu+a_1}-\hat{\mu}$$

$$=\bar{x}_{A_1B_3}+\bar{x}_{A_1D_1}+\bar{x}_{F_3}-\bar{x}_{A_1}-\bar{\bar{x}}$$

$$=\frac{134}{3}+\frac{154}{3}+\frac{394}{9}-\frac{478}{9}-\frac{1598}{27}=27.48$$

表 4.19 *AB* 2 元表

	B_1	B_2	B_3
A_1	$T_{A_1B_1}=63+52+75=190$ $\bar{x}_{A_1B_1}=63.33$	$T_{A_1B_2}=64+48+42=154$ $\bar{x}_{A_1B_2}=51.33$	$T_{A_1B_3}=27+61+46=134$ $\bar{x}_{A_1B_3}=44.67$
A_2	$T_{A_2B_1}=59+46+86=191$ $\bar{x}_{A_2B_1}=63.67$	$T_{A_2B_2}=68+66+66=200$ $\bar{x}_{A_2B_2}=66.67$	$T_{A_2B_3}=49+80+97=226$ $\bar{x}_{A_2B_3}=75.33$
A_3	$T_{A_3B_1}=62+39+89=190$ $\bar{x}_{A_3B_1}=63.33$	$T_{A_3B_2}=64+49+29=142$ $\bar{x}_{A_3B_2}=47.33$	$T_{A_3B_3}=44+82+45=171$ $\bar{x}_{A_3B_3}=57.00$

表 4.20 *AD* 2 元表

	D_1	D_2	D_3
A_1	$T_{A_1D_1}=63+64+27=154$ $\bar{x}_{A_1D_1}=51.33$	$T_{A_1D_2}=52+48+61=161$ $\bar{x}_{A_1D_2}=53.67$	$T_{A_1D_3}=75+42+46=163$ $\bar{x}_{A_1D_3}=54.33$
A_2	$T_{A_2D_1}=59+68+49=176$ $\bar{x}_{A_1D_1}=58.67$	$T_{A_2D_2}=46+66+80=192$ $\bar{x}_{A_2D_2}=64.00$	$T_{A_2D_3}=86+66+97=249$ $\bar{x}_{A_2D_3}=83.00$
A_3	$T_{A_3D_1}=62+64+44=170$ $\bar{x}_{A_3D_1}=56.67$	$T_{A_3D_2}=39+49+82=170$ $\bar{x}_{A_3D_2}=56.67$	$T_{A_3D_3}=89+29+45=163$ $\bar{x}_{A_3D_3}=54.33$

2) A_2 水準の場合

同様に, B_1, D_1 が最小となる.

$$\hat{\mu}(A_2B_1D_1F_3)=\overline{\mu+a_2+b_1+d_1+f_3+(ab)_{21}+(ad)_{21}}$$

$$=\overline{\mu+a_2+b_1+(ab)_{21}}+\overline{\mu+a_2+d_1+(ad)_{21}}$$

$$+\widehat{\mu+f_3}-\widehat{\mu+a_2}-\hat{\mu}$$

$$=\bar{x}_{A_2B_1}+\bar{x}_{A_2D_1}+\bar{x}_{F_3}-\bar{x}_{A_2}-\bar{\bar{x}}$$

$$=\frac{191}{3}+\frac{176}{3}+\frac{394}{9}-\frac{617}{9}-\frac{1598}{27}=38.37$$

3)　A_3 水準の場合

同様に，B_2，D_3 が最小となる．

$$\hat{\mu}(A_3B_2D_3F_3) = \overline{\mu + a_3 + b_2 + d_3 + f_3 + (ab)_{32} + (ad)_{33}}$$

$$= \overline{\mu + a_3 + b_2 + (ab)_{32}} + \overline{\mu + a_3 + d_3 + (ad)_{33}} + \overline{\mu + f_3}$$

$$- \widehat{\mu + a_3} - \hat{\mu}$$

$$= \bar{x}_{A_3B_2} + \bar{x}_{A_3D_3} + \bar{x}_{F_3} - \bar{x}_{A_3} - \bar{\bar{x}}$$

$$= \frac{142}{3} + \frac{163}{3} + \frac{394}{9} - \frac{503}{9} - \frac{1598}{27} = 30.37$$

以上より，最適条件は $A_1B_3D_1F_3$ となる．

手順 3　母平均の点推定

$$\hat{\mu}(A_1B_3D_1F_3) = 27.48 \quad (\text{sec})$$

手順 4　母平均の区間推定

有効反復数（有効繰返し数）は，

$$\frac{1}{n_e} = \frac{1}{3} + \frac{1}{3} + \frac{1}{9} - \frac{1}{9} - \frac{1}{27} = \frac{17}{27} \quad (\text{伊奈の式})$$

$$\frac{1}{n_e} = \frac{(2+2+2+2+4+4)+1}{27} = \frac{17}{27} \quad (\text{田口の式})$$

となるので，信頼率 95% の区間推定を行うと，

$$\hat{\mu}(A_1B_3D_1F_3) \pm t(\phi_{E'}, 0.05)\sqrt{\frac{V_{E'}}{n_e}} = 27.48 \pm 2.228 \times \sqrt{72.17 \times \frac{17}{27}}$$

$$= 27.48 \pm 15.02$$

$$= 12.46, \ 42.50 \quad (\text{sec})$$

となる．

4.5　その他の実験計画法

実験計画法にはきわめて多くの種類があるが，よく用いられるものに以下のものがある．

(1) 乱塊法

因子には，これまでに扱ってきた母数因子以外に変量因子がある．母数因子は，要因効果がそれぞれ一定の値で示され，因子の水準を技術的に指定することができた．一方，変量因子は，要因効果がある確率分布に従う確率変数とみなされ，分散成分の推定が主目的で，因子の水準を技術的に指定することには意味がないものである．

取り上げた因子の一部にブロック因子と呼ばれる変量因子を導入し，それぞれのブロック内で母数因子(制御因子)のすべての水準を一通り実験し，複数のブロックにわたってこれを反復する，という実験を行うことがある．このような実験を乱塊法という．ブロック因子は，日，原料ロット，土壌など再現性のない要因であり，最適水準を求めることには意味がない．乱塊法では，ブロック因子の要因効果を検定でき，さらにブロック間変動を推定することができる．

(2) 分割法

取り上げた因子によっては，完全ランダム化が技術的，経済的に困難である場合も多い．このような場合，ランダム化を複数の段階に分けることを行う．このような実験を分割法と呼ぶ．分割法では，分割の段階ごとに誤差が生じる．直交配列表を用いた分割法も可能である．

(3) 多水準法・擬水準法

直交配列表を用いた実験を行う際に，すべての因子を2水準または3水準に統一することが困難な場合や不都合な場合がある．このような場合に他の多くの因子とは異なる水準数の因子を取り上げて実験を行う方法がある．具体的には，2水準系直交配列表に4水準の因子を含めて実験を行う多水準法，2水準系直交配列表に3水準の因子を，3水準系直交配列表に2水準の因子を含めて実験を行う擬水準法がある．

第5章

管理図

5.1　管理図とは

　管理図については,「工程を管理するための QC 七つ道具の一つで, 実際使ってもいる. しかしその理屈は今一つよくわからない」といった方も多いかもしれない.

　実は,「管理図とは, 母平均が変わっていないかという検定を日ごと(正確には群と呼ばれる単位ごと)に行うもの」なのである. 前章までに,「2つの母集団の平均値の差の検定」や「因子の効果によって母平均が異なるかどうか(実験計画法)」といったさまざまな検定について学んだ. 管理図もこうした母平均に関する検定の一つである.

　実験計画法では,「因子の効果によって水準ごとに母平均が異なるかどうか」を検討したが, 管理図は「群(例えば日)ごとの母平均が異なるかどうか」を検討している. 群ごととはすなわち時間の推移のことである. よって管理図とは,「時間(日や製造ロットの順など)の経過とともに生じる母平均の変動を検出(検定)する統計的方法」といえる.

　検定であるので, 有意水準が設定されている. しかし, この値が, 母平均の検定や実験計画法の5%, 1%などと異なり, 非常に小さな値(約0.3%)とされている. これは, 管理図が工程を管理するための道具であるために, むやみに母平均の変動が検出されるとその処置に翻弄されてしまうことになりかねないので, 本当に問題となる変動だけを検出するように設計されている. これがシューハート(W. A. Shewhart)によって考案された3シグマ法による管理図である.

　工場などで製造される製品の品質は, 必ずばらつきをもつ. 工程において品質のばらつきをもたらす原因には, 多くのものがある. これらの原因には, 以下の偶然原因と異常原因があると考える.

1)　偶然原因によるばらつき

　原材料, 作業方法, 機械・設備などについて, 技術的に十分検討した標準に

基づき製造しても，なお発生するばらつき．技術的にも経済的にも，これを除去する必要のないばらつき．不可避な原因によるばらつき．

2) 異常原因によるばらつき

標準どおりの作業ができていない，標準が適当でないなどのために生ずるばらつき．技術的にも経済的にも，これを見逃すことのできないばらつき．

工程を管理するためには，偶然原因によるばらつきは許容し，異常原因によるばらつきは，その原因を追究・除去して，二度と同じ原因による異常を発生させないようにする必要がある．シューハートは，工程が偶然原因のみによってばらつくという理想的な状態を考え，安定状態と名付けた．また，これを見極めるための判断基準として，次の管理限界(3シグマ法)を設けた．

$$(平均値) \pm 3 \times (標準偏差)$$

この管理限界に対して，ルールを定め異常の有無を判定する．管理図の打点に異常がないとき，「統計的管理状態」であるという．

5.2 管理図の仕組み

管理図の基本的な仕組みを以下に示す．

1) 管理すべき特性値を決定する．計量値の他に，各種の計数値でもよい．

2) 群を設定する．例えば，日による変化を知りたい場合は日を群とする．

3) 群ごとの母数に違いがないかの検定を行う．このとき，帰無仮説は「群ごとの母数はすべて等しい」となる．すなわち，帰無仮説が正しいと判断すれば，群が変わっても母数は変化しないといえる．

4) 検定の棄却域は，(平均値)±3×(標準偏差)に設定する．つまり，有意水準は約0.3%と小さく設定されている．

5) 棄却域は，折れ線グラフに管理限界線という直線を引くことによって示す．管理限界線は中心線とともに管理線といい，管理線の計算方法は管理図の種類によって定められている．

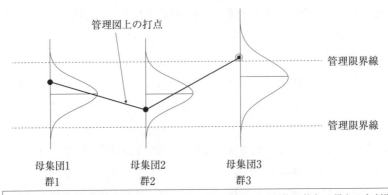

図 5.1 管理図の仕組み

6) 群ごとに所定の数(これを群の大きさという)のサンプルを採取して，群ごとのサンプルのデータの平均値などを求めて，これを折れ線グラフに打点する．

7) 6)の打点が管理限界線の外に出た場合には，検定結果が有意である，すなわちその群の母数は他の群の母数とは異なると判断する(**図5.1**)．4)で述べたように，打点が管理限界線の外に出る確率は0.3%しかないので，偶然ではなく確実に何らかの理由があるとする．すなわち，管理限界線の外に点が出れば，工程に異常が生じているのはほぼ確実であるので，適切な対応が求められる．

5.3 管理図の種類

管理図には多くの種類があるが，その使用する目的と管理すべき特性値の種類によって分類される．

5.3.1 使用する目的による分類

(1) 解析用管理図

品質特性とこれに影響を与えている工程のさまざまな要因について，定量的に把握することを工程解析という．解析用管理図は，工程解析を目的に，現在の工程が統計的管理状態にあるかどうかを調べたり，原材料別，製造方法別，設備別などに層別したデータをもとに層間の違いを調べたりするために用いる．

(2) 管理用管理図

工程解析がある程度進み，必要な処置が取られて，工程が統計的管理状態にある場合，このよい状態を維持するために用いられる管理図をいう．すでに求めた管理線を延長し，新たに得られた群ごとのデータを逐次打点して，統計的管理状態にあるかどうかを判断する．

5.3.2 特性値による分類

表5.1に特性値によって分類した管理図の種類を示す．

5.4 解析用管理図の作り方

5.4.1 計量値の管理図の作り方

計量値の管理図についてその作り方を示す．

(1) $\overline{X}-R$ 管理図の作り方

$\overline{X}-R$ 管理図は，長さ，質量，収率などの計量値について群内のばらつきの群ごとの変動を管理・解析する R 管理図と，工程平均の群ごとの変動を管理・解析する $\overline{X}$ 管理図よりなっている．

手順1 データの収集と群分け

群分けは，群内がなるべく均一になるように同一製造日，同一ロットなどで

表 5.1 管理図の種類

分類	特性値	群	管理図
計量値の 管理図	計量的特性値	群の大きさ $n<9$（目安）	平均値と範囲の管理図 $\overline{X}-R$ 管理図
		群の大きさ $n\geqq10$（目安）	平均値と標準偏差の管理図 $\overline{X}-s$ 管理図
		群の大きさ $n=1$	個々のデータの管理図 X 管理図
計数値の 管理図	不適合品数	群の大きさが 一定ではない	不適合品率の管理図 p 管理図
		群の大きさが 一定である	不適合品数の管理図 np 管理図
	不適合数	群の大きさが 一定ではない	単位当たりの不適合数の管理図 u 管理図
		群の大きさが 一定である	不適合数の管理図 c 管理図

群分けし，同じ群内に異質のデータが入らないようにする．群の大きさ n は通常 2〜5 程度とする．また，群の数 k は 20〜30 とするのが適当である．

手順 2 群ごとの平均値 $\overline{X}$ と範囲 R の計算

$$\overline{X}_i=\frac{（群内データの合計）}{（群の大きさ）}=\frac{\sum X_i}{n}$$

$$R_i=（群内のデータの最大値）-（群内のデータの最小値）$$

$$=X_{i\max}-X_{i\min}$$

手順 3 データの総平均値 $\overline{\overline{X}}$ と範囲の平均値 $\overline{R}$ の計算

$$\overline{\overline{X}}=\frac{（群ごとの平均値の合計）}{（群の数）}=\frac{\sum \overline{X}_i}{k}$$

$$\overline{R}=\frac{（群ごとの範囲の合計）}{（群の数）}=\frac{\sum R_i}{k}$$

手順 4 管理線の計算

$\overline{X}$ 管理図の管理線は測定値の 2 桁下まで，R 管理図の管理線は測定値の 1

桁下まで求める.

$\overline{X}$ 管理図の管理線:

中心線 $\quad CL=\overline{\overline{X}}$

上側管理限界 $\quad UCL=\overline{\overline{X}}+A_2\overline{R}$

下側管理限界 $\quad LCL=\overline{\overline{X}}-A_2\overline{R}$

R 管理図の管理線:

中心線 $\quad CL=\overline{R}$

上側管理限界 $\quad UCL=D_4\overline{R}$

下側管理限界 $\quad LCL=D_3\overline{R}$

A_2, D_3, D_4 は群の大きさ n によって決まる定数で,**表5.2**より求める.なお,D_3 の値は,n が6以下のときは示されない.

注:上側管理限界を上部管理限界または上方管理限界,下側管理限界を下部管理限界または下方管理限界ともいう.

注:管理用管理図では,標準値によって管理線を計算する場合がある.例えば,$\overline{X}-R$ 管理図において標準値が平均値 μ_0,標準偏差 σ_0 と与えられ

表5.2 管理図係数表(1)

大きさ n	$\overline{X}$管理図			R管理図						X管理図
	A	A_2	A_3	D_1	D_2	D_3	D_4	d_2	d_3	E_2
2	2.121	1.880	2.659	—	3.686	—	3.267	1.128	0.853	2.659
3	1.732	1.023	1.954	—	4.358	—	2.575	1.693	0.888	1.772
4	1.500	0.729	1.628	—	4.698	—	2.282	2.059	0.880	1.457
5	1.342	0.577	1.427	—	4.918	—	2.114	2.326	0.864	1.290
6	1.225	0.483	1.287	—	5.079	—	2.004	2.534	0.848	1.184
7	1.134	0.419	1.182	0.205	5.204	0.076	1.924	2.704	0.833	1.109
8	1.061	0.373	1.099	0.387	5.307	0.136	1.864	2.847	0.820	1.054
9	1.000	0.337	1.032	0.546	5.394	0.184	1.816	2.970	0.808	1.010
10	0.949	0.308	0.975	0.687	5.469	0.223	1.777	3.078	0.797	0.975

た場合，$\overline{X}$ 管理図の管理限界は，$\mu_0 \pm \dfrac{3}{\sqrt{n}}\sigma_0$ となる．

手順5　管理図の作成

　左端縦軸に $\overline{X}$ と R の値をとり，横軸に群番号や測定日をとる．中心線は実線，管理限界線は破線を用いる．$\overline{X}$ の点は（・）とし，R の点は（×）とする．限界外の点は○で囲んでわかりやすくする．群の大きさ n を記入する．その他，必要な項目を記入する．

(2)　$\overline{X}-s$ 管理図の作り方

　$\overline{X}-s$ 管理図は，$\overline{X}-R$ 管理図の範囲 R の代わりに，各群のデータから計算された標準偏差 s を用いる管理図である．群の大きさが大きくなると範囲 R の精度が悪くなるので，標準偏差を用いるほうがよい．

手順1　データの収集と群分け

　群内がなるべく均一になるように群分けする．群の大きさ n は 10 を超えてもよい．

手順2　群ごとの平均値 $\overline{X}$ と標準偏差 s の計算

$$\overline{X}=\frac{(\text{群内のデータの合計})}{(\text{群の大きさ})}=\frac{\sum X_i}{n}$$

$$s=\sqrt{\frac{(\text{群内の平方和})}{(\text{群の大きさ}-1)}}=\sqrt{\frac{\sum(x_i-\overline{x})^2}{n-1}}=\sqrt{\frac{\sum x_i^2-(\sum x_i)^2/n}{n-1}}$$

手順3　データの総平均値 $\overline{\overline{X}}$ と標準偏差の平均値 $\overline{s}$ の計算

$$\overline{\overline{X}}=\frac{(\text{個々のデータの合計})}{(\text{群の大きさ}\times\text{群の数})}=\frac{\sum\sum X_i}{nk}$$

$$\overline{s}=\frac{(\text{各群の標準偏差の合計})}{(\text{群の数})}=\frac{\sum s}{k}$$

手順4　管理線の計算

　$\overline{X}$ 管理図の管理は測定値の2桁下まで，s 管理図の管理線は測定値の3桁下まで求める．

$\overline{X}$ 管理図の管理線：

中心線 　　　$CL = \overline{\overline{X}}$

上側管理限界 　$UCL = \overline{\overline{X}} + A_3 \bar{s}$

下側管理限界 　$LCL = \overline{\overline{X}} - A_3 \bar{s}$

s 管理図の管理線：

中心線 　　　$CL = \bar{s}$

上側管理限界 　$UCL = B_4 \bar{s}$

下側管理限界 　$LCL = B_3 \bar{s}$

A_3, B_3, B_4 は群の大きさ n によって決まる定数で，**表5.3** より求める．

手順5　管理図の作成

左端縦軸に $\overline{X}$ と s の値をとり，管理線を記入し，各群の $\overline{X}$ と s の値をプロットする．群の大きさ n を記入する．

表5.3　管理図係数表(2)

大きさ n	$\overline{X}$管理図 A_3	s 管理図 B_3	B_4	大きさ n	$\overline{X}$管理図 A_3	s 管理図 B_3	B_4
2	2.659	—	3.267	11	0.927	0.321	1.679
3	1.954	—	2.568	12	0.886	0.354	1.646
4	1.628	—	2.266	13	0.850	0.382	1.618
5	1.427	—	2.089	14	0.817	0.406	1.594
6	1.287	0.030	1.970	15	0.789	0.428	1.572
7	1.182	0.118	1.882	16	0.763	0.448	1.552
8	1.099	0.185	1.815	17	0.739	0.466	1.534
9	1.032	0.239	1.761	18	0.718	0.482	1.518
10	0.975	0.284	1.716	19	0.698	0.497	1.503
				20	0.680	0.510	1.490

(3)　X 管理図($\overline{X} - R_m$ 管理図)の作り方

X 管理図は，$\overline{X} - R$ 管理図のように群分けをせず，1 点ずつ打点していく管理図である．1 つのロットから得られるデータが 1 個しかないか，データが得られる間隔が長い場合などに用いられ，データをそのまま 1 点ずつ打点する．

X 管理図の作り方には，移動範囲から管理線を求める方法($\overline{X} - R_m$ 管理図)とデータを群分けして管理線を求める方法($X - \overline{X} - R$ 管理図)があるが，ここでは前者の方法を説明する．

注：$\overline{X} - R_m$ 管理図は $\overline{X} - R_s$ 管理図と表記されることがある．

手順 1　データの収集

データを収集し，時間順に並べる．

手順 2　移動範囲 R_m の計算

一般に，$n=2$ の移動範囲を用いる．$n=2$ の移動範囲とは，相隣り合う 2 つのデータの範囲であり，最初と 2 番目のデータの差，2 番目と 3 番目のデータの差などの絶対値をいう．下記の式で求める．

$$R_{mi} = |(i\text{番目のデータ}) - (i\text{番目より1つ前のデータ})|$$
$$= |X_i - X_{i-1}| \quad (i = 2, 3, 4, 5, \cdots, k)$$

手順 3　平均値 $\overline{X}$ と移動範囲の平均値 $\overline{R}_m$ の計算

$$\overline{X} = \frac{(\text{個々のデータの合計})}{(\text{群の数})} = \frac{\sum X_i}{k}$$

$$\overline{R}_m = \frac{(\text{移動範囲の合計})}{(\text{群の数} - 1)} = \frac{\sum R_{mi}}{k-1}$$

手順 4　管理線の計算

X 管理図の管理線は測定値の 1 桁下まで，R_m 管理図の管理線は測定値の 1 桁下まで求める．

X 管理図の管理線：

中心線　　　　$CL = \overline{X}$

上側管理限界　$UCL = \overline{X} + E_2\overline{R}_m = \overline{X} + 2.659\overline{R}_m$

下側管理限界　$LCL = \overline{X} - E_2\overline{R}_m = \overline{X} - 2.659\overline{R}_m$

R_m 管理図の管理線:

中心線　　　　$CL = \overline{R}_m$

上側管理限界　$UCL = D_4\overline{R}_m = 3.267\overline{R}_m$

下側管理限界　$LCL = D_3\overline{R}_m \rightarrow (示されない)$

E_2，D_3，D_4 は群の大きさ $n=2$ のときの定数である．表 5.2 の係数表に示されている．

手順 5　管理図の作成

左端縦軸に X と R_m の値をとり，管理線を記入し，X と R_m の値をプロットする．

5.4.2　計数値の管理図の作り方

計数値の管理図には，不適合品率・不適合品数の管理図である p 管理図，np 管理図がある．それぞれ不適合品率，不適合品数の管理図であるが，製品などが 1 個ごとに適合品，不適合品と判定される場合に，群の大きさ n_i が一定の場合には np 管理図，そうでない場合には p 管理図を用いる．

また，不適合数の管理図として，c 管理図，u 管理図がある．群の大きさが一定の場合には c 管理図，そうでない場合には u 管理図を用いる．

(1)　p 管理図の作り方

群の大きさ n_i が群ごとに異なる場合には，群ごとの不適合品率を管理図に打点する．不適合品率の群ごとの変動を管理，解析する場合に用いる．

注：群の大きさが一定の場合にも適用できる．

手順 1　データの収集と群分け

群の大きさ（検査個数）n と不適合品数 np のデータを 20〜30 群集める．

手順 2　群ごとの不適合品率 p_i の計算

$$p_i = \frac{(各群の不適合品数)}{(各群の大きさ)} = \frac{(np)_i}{n_i}$$

手順3 平均不適合品率 $\bar{p}$ の計算

$$\bar{p} = \frac{(各群の不適合品数の合計)}{(各群の大きさの合計)} = \frac{\sum(np)_i}{\sum n_i}$$

手順4 管理線の計算

中心線　　　　　$CL = \bar{p}$

上側管理限界　$UCL = \bar{p} + 3\sqrt{\dfrac{\bar{p}(1-\bar{p})}{n_i}}$

下側管理限界　$LCL = \bar{p} - 3\sqrt{\dfrac{\bar{p}(1-\bar{p})}{n_i}}$

注：p 管理図の管理限界は群の大きさによって異なるので，群の大きさごとに計算する必要がある．ただし，n の変化が少ない場合には n の平均値 $\bar{n}$ を用いて管理限界線を計算することがある．

注：LCL が負の値になる場合は，下側管理限界は考えない．

手順5 管理図の作成

各群の不適合品率 p_i を打点し，各群の大きさに対応した管理線を記入する．

(2) np 管理図の作り方

各群の大きさ n_i が一定の場合にのみ，用いることができる．このとき，群ごとの不適合品数 $r_i = (np)_i$ そのものを管理図に打点する．

手順1 データの収集と群分け

群の大きさ(検査個数)n と不適合品数 np のデータを 20～30 群集める．

手順2 平均不適合品率 $\bar{p}$ の計算

$$\bar{p} = \frac{(各群の不適合品数の合計)}{(各群の大きさの合計)} = \frac{\sum(np)_i}{\sum n_i}$$

手順3 管理線の計算

中心線　　　　　$CL = n\bar{p}$

上側管理限界　$UCL = n\bar{p} + 3\sqrt{n\bar{p}(1-\bar{p})}$

下側管理限界　$UCL = n\bar{p} - 3\sqrt{n\bar{p}(1-\bar{p})}$

注：*LCL* が負の値になる場合は，下側管理限界は考えない.

手順4　管理図の作成

各群の不適合品数 $(np)_i$ を打点し，管理線と群の大きさを記入する.

(3)　*u* 管理図の作り方

製品中のきずの数や事故件数などの，不適合数の管理図である. 調査するサンプルの大きさである群の大きさ n_i が群ごとに異なる場合には，群ごとに単位当たりの不適合数を管理図に打点し管理する.

手順1　データの収集と群分け

群分けは，1つの製品や検査のロットなど，技術的に意味のあるものにする. その際，群の大きさ，すなわち不適合数を数える単位の数（例えば，製品の面積）が群によって一定でないときに適用する. 群の大きさ *n* と不適合数 *c* のデータを 20〜30 群集める.

手順2　群ごとの単位当たりの不適合数 *u* の計算

$$u_i = \frac{(\text{群内の不適合数})}{(\text{群の大きさ})} = \frac{c_i}{n_i}$$

手順3　平均不適合数 $\bar{u}$ の計算

$$\bar{u} = \frac{(\text{各群の不適合数の合計})}{(\text{各群の大きさの合計})} = \frac{\sum c_i}{\sum n_i}$$

手順4　管理線の計算

中心線　　　　$CL = \bar{u}$

上側管理限界　$UCL = \bar{u} + 3\sqrt{\dfrac{\bar{u}}{n_i}}$

下側管理限界　$LCL = \bar{u} - 3\sqrt{\dfrac{\bar{u}}{n_i}}$

注：*u* 管理図の管理限界は群の大きさによって異なるので，群の大きさごとに計算する必要がある. ただし，*n* の変化が少ない場合には，*n* の平均値 $\bar{n}$ を用いて管理限界線を計算することがある.

注：LCL が負の値になる場合は，下側管理限界は考えない.

手順5　管理図の作成

　各群の単位当たりの不適合数 u_i を打点し，各群の大きさに対応した管理線を記入する.

(4)　c 管理図の作り方

　製品中のきずの数や事故件数など不適合数の管理図である．調査するサンプルの大きさである群の大きさが一定の場合に用いる．群ごとの不適合数を管理図に打点し管理する.

手順1　データの収集と群分け

　一定の大きさの群，すなわち一定単位の中の不適合数のデータを収集する.
群の数 k は 20〜30 群集める.

手順2　平均不適合数 $\bar{c}$ の計算

$$\bar{c} = \frac{(\text{不適合数の合計})}{(\text{群の数})} = \frac{\sum c_i}{k}$$

手順3　管理線の計算

中心線　　　　$CL = \bar{c}$

上側管理限界　$UCL = \bar{c} + 3\sqrt{\bar{c}}$

下側管理限界　$LCL = \bar{c} - 3\sqrt{\bar{c}}$

注：LCL が負の値になる場合は，下側管理限界は考えない.

手順4　管理図の作成

　各群の不適合数 c_i を打点し，管理線を記入する.

5.5　管理図の見方

　工程の管理では，管理図によって工程が統計的管理状態であるかどうかを正しく判断することが重要であり，異常が発見された場合は，すぐにその原因を調査し，処置をとる必要がある.

5.5.1 統計的管理状態の判断

統計的管理状態とは，工程平均やばらつきが変化しない状態のことをいう．

1)　管理図の点が管理限界内にある

2)　点の並び方，ちらばり方にクセがない

ならば，工程は統計的管理状態とみなす．

$\overline{X}$ 管理図では，各群が同じ分布 $N(\mu_0, \sigma_0^2)$ に従っていれば，統計的管理状態と判断する．これは，各群の分布 $N(\mu_0, \sigma_0^2)$ について，帰無仮説 $H_0: \mu_i = \mu_0$ を検定していることになる．帰無仮説のもとで，n 個のサンプルから求めた $\overline{X}$ の分布は $N(\mu_0, \dfrac{\sigma_0^2}{n})$ となるので，$\overline{X}$ の値が $\mu_0 \pm 3\sqrt{\dfrac{\sigma_0^2}{n}}$ の範囲に入らない確率は，約 0.3% となる．これが 3 シグマ法の管理限界線である．

解析用 $\overline{X} - R$ 管理図における管理線は，

$$\widehat{\mu}_0 = \overline{\overline{X}}$$

$$\widehat{\sigma}_0 = \frac{\overline{R}}{d_2}$$

（σ_0 は，群内の変動だけと考える．d_2 は群の大きさによって決まる定数で表 5.2 に示している）

と推定して，

$$\overline{\overline{X}} \pm 3\frac{\overline{R}}{d_2}\sqrt{\frac{1}{n}}$$

と計算している．すなわち係数 A_2 は，

$$A_2 = 3\frac{1}{d_2}\sqrt{\frac{1}{n}}$$

である．

上記の説明は $\overline{X} - R$ 管理図の場合であるが，他の計量値の管理図でも同様の考えから，

（平均値）$\pm 3 \times$（標準偏差）

表5.4　計数値の管理図の管理限界の求め方

計数値の管理図	正規近似した分布	管理限界 (平均値) ± 3 ×(標準偏差)
不適合品率 p 管理図	$N\left(P, \dfrac{P(1-P)}{n}\right)$	$\bar{p} \pm 3\sqrt{\dfrac{\bar{p}(1-\bar{p})}{n}}$
不適合品数 np 管理図	$N(nP,\ nP(1-P))$	$n\bar{p} \pm 3\sqrt{n\bar{p}(1-\bar{p})}$
不適合数 u 管理図	$N(\lambda,\ \dfrac{\lambda}{n})$	$\bar{u} \pm 3\sqrt{\dfrac{\bar{u}}{n_i}}$
不適合数 c 管理図	$N(\lambda,\ \lambda)$	$\bar{c} \pm 3\sqrt{\bar{c}}$

の管理限界線を計算している.

　計数値の管理図では, 二項分布に従う不適合品数や不適合品率, ポアソン分布に従う不適合数を, いずれも正規分布に近似することで, **表5.4**のように管理限界線を求めている.

　以上のように, 3シグマ法の管理図では, 「工程に異常がないのに, 異常があると判断してしまう誤り」は非常に小さく抑えてあるので, 打点が管理限界外に出た場合は「異常がある」と判断してほぼ問題ない. しかし一方で, 「工程に異常があるのに, 異常がないと判断してしまう誤り」が大きくなっている可能性があるので, この誤りを小さくするために, 点の並び方やちらばり方のクセによる判断を合わせて行う.

5.5.2　工程異常の判定のためのルール

　JIS Z 9020-2:2023 「管理図—第2部:シューハート管理図」(**図5.2**)では, 異常判定の例を示している.

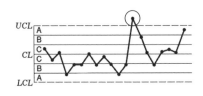

例 1：一つ又は複数の点がゾーン A を超えたところ（管理限界の外側）にある

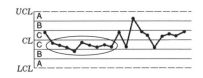

例 2：連―中心線の片側の七つ以上の連続する点

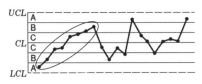

例 3：トレンド―全体的に増加または減少する連続する七つの点

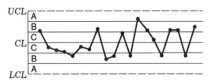

例 4：明らかにランダムでないパターン

筆者注：管理図は中心線の両側で，A，B，C の 3 つのゾーンに等分され，各ゾーンは 1 シグマの幅である．

注記：p 管理図，np 管理図，c 管理図及び u 管理図に関して，管理下限をゼロに設定している場合，中心線より下に三つの 1 シグマゾーンを作成することは不可能である．

出典）JIS Z 9020-2：2023「管理図－第 2 部：シューハート管理図」，p.13，図 3 に筆者加筆．

図 5.2　異常パターンの例

5.6　管理図の実際

以下の例題によって，管理図の作成とその見方について説明する．

5.6.1　計量値の管理図の実際

【例題】

金属部品の加工を行っている．2 つの部品を組み合せているが，部品間の隙間の寸法（μm）のばらつきが大きいとの指摘があった．現状の調査をするため，20 日間にわたって毎日 5 個のサンプルをランダムに採取し隙間寸法を測定した（**表 5.5**）．$\overline{X}-R$ 管理図による解析を行う．

表5.5　隙間寸法のデータ

（単位：μm）

群番号	X_1	X_2	X_3	X_4	X_5	$\sum X$	$\overline{X}$	R
1	94	89	84	92	96	455	91.0	12
2	91	97	87	89	90	454	90.8	10
3	93	91	93	69	84	430	86.0	24
4	64	71	86	87	60	368	73.6	27
5	61	94	87	87	90	419	83.8	33
6	64	74	91	91	88	408	81.6	27
7	93	97	89	81	99	459	91.8	18
8	86	96	89	88	90	449	89.8	10
9	103	89	99	85	96	472	94.4	18
10	98	94	86	97	91	466	93.2	12
11	90	88	90	92	89	449	89.8	4
12	95	94	99	104	70	462	92.4	34
13	84	87	101	97	83	452	90.4	18
14	85	93	87	70	73	408	81.6	23
15	88	85	86	85	63	407	81.4	25
16	90	89	88	93	65	425	85.0	28
17	79	79	70	85	86	399	79.8	16
18	72	72	81	69	78	372	74.4	12
19	96	90	92	85	93	456	91.2	11
20	96	98	68	94	92	448	89.6	30
計							1731.6	392
平均							86.58	19.6

【解答】

(1) 解析用 $\overline{X}-R$ 管理図の作成

5.4.1 項(1)の手順に従って $\overline{X}-R$ 管理図を作成した(図5.3).

(2) 管理図からの考察

R 管理図は,管理限界外の点はなく,点の並び方やちらばり方のクセもない.すなわち,群内(日内)の変動は安定している.一方,$\overline{X}$ 管理図は群番号4と群番号18が下側管理限界外であり,群番号7から群番号13まで中心線より上側に長さ7の連が見られる.したがって,統計的管理状態ではない.群間(日間)の変動が大きいので,これらの原因を直ちに調査し,処置をとる必要がある.

5.6.2 計数値の管理図の実際

【例題】

鋳造部品を製造している.最近,引け巣による不適合品が多くなっているので,現状を調査した.25日間にわたって毎日400個のサンプルをランダムに採取し検査を行って,引け巣不良の不適合品数をまとめた(表5.6).np 管理図による解析を行う.

【解答】

(1) 解析用 np 管理図の作成

5.4.2 項(2)の手順に従って,np 管理図を作成した(図5.4).

(2) 管理図からの考察

群番号11から群番号19で,連続して減少する8つの点(トレンド)が見られる.したがって,統計的管理状態ではない.これらの原因を直ちに調査し,処置をとる必要がある.

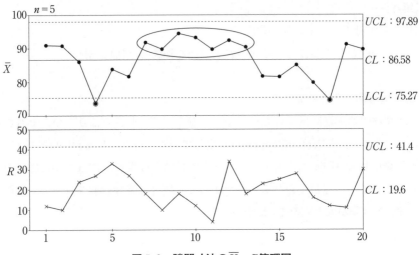

図5.3 隙間寸法の$\overline{X}-R$管理図

表5.6 引け巣不良のデータ

群番号	検査個数	不適合品数	群番号	検査個数	不適合品数
1	400	10	14	400	8
2	400	8	15	400	7
3	400	12	16	400	6
4	400	6	17	400	4
5	400	11	18	400	3
6	400	9	19	400	2
7	400	10	20	400	11
8	400	8	21	400	9
9	400	9	22	400	10
10	400	11	23	400	7
11	400	13	24	400	12
12	400	12	25	400	10
13	400	10		計	218
				平均	8.7

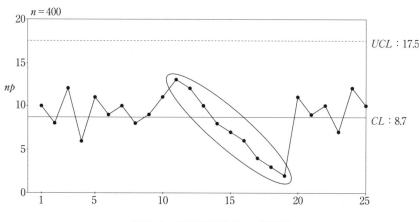

図 5.4　引け巣不良の *np* 管理図

5.7　管理用管理図の作り方

　解析用管理図において，統計的管理状態にあると判断できた場合には，管理
線をそのまま延長して，工程管理用の管理線として用いる．この管理図が管理
用管理図である．管理用管理図では，データを取る段階で管理線が与えられて
いることになる．解析用管理図と区別するために，管理限界線は一点鎖線を用
いる．

　この管理線も恒久的なものではなく，工程が変わったと考えられるときや，
管理線を定めてから一定期間(3 カ月，6 カ月，1 年など)経過したときには，
必要に応じて管理線の再計算を行う．

5.8　工程の安定と規格との関係

　管理図は，工程が安定しているかを判断するための手法であった．ときどき誤解をされるのだが，製品の規格に対する不適合品が発生するかどうかとは関係がない．一般に，規格は顧客の要求に応じて決まるものなので，工程が安定していても規格外れは発生しうるし，工程が安定していなくても規格外れが発生しないこともある．規格に対する不適合品の発生状況はヒストグラムによって見ることができるので，図5.5 に示すように，ヒストグラムと管理図を組み合わせると4つの場合が考えられる．d)が理想的な状態であるが，他はいずれも問題がある．a)は抜本的な改善が必要であることは当然であるが，b)についても工程の改善によって工程能力の向上が必要であるし，c)は工程が安定していないので，いつ不適合品が発生してもおかしくなく，工程の安定化が必要である．

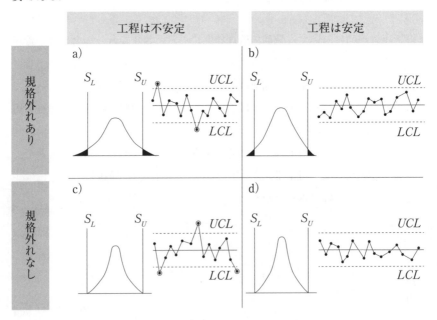

図5.5　工程の安定と規格外れ

第 6 章

相関分析

6.1　相関分析とは

　本章では，2つの「対応のある」母集団の関係を調べる相関分析を学ぶ．2
つの母集団に関する検定や実験計画法では，複数の母集団の母平均に差がある
のかどうかといったことを調べてきた．ここでも2つの母集団を扱うが，これ
までとは違って2つの母集団は対応しており，その関係を調べることが目的に
なる．品質管理において原因(要因)と結果(特性)の関係を調べることは極めて
重要であり，要因の1つと特性の関係を図に表した散布図はQC七つ道具の一
つとしてよく使われている．

　散布図は，例えば要因と考えられる加熱温度xを横軸に，特性値である歩留
yを縦軸にとって打点した図である．2つの確率変数間の関係を視覚的に判断
することができる．直線的な関係である相関関係の有無やその強さ，曲線的な
関係があるのか，外れ値の有無，層別の必要性なども散布図を描くことによっ
て判断できる．

　相関関係については，片方の変数が大きく(小さく)なれば，もう一方の変数
も大きく(小さく)なる関係を正の相関，逆に片方の変数が大きく(小さく)なれ
ば，もう一方の変数は小さく(大きく)なる関係を負の相関という．

　また，その関係の強さを表す度合いとして，「強い」，「弱い」と表現し，相
関がない状態を「無相関」という．強い相関の場合は，(直線的な関係の)直線
の近くに打点が集まっている状態を示し，無相関の場合は，打点が平面の全体
に散らばる(**図6.1**)．

　このように，相関関係の正負や強弱は散布図によっておおよそつかむことが
できるが，これを統計的に判断する手法が相関分析である．

6.2　相関分析の仕組み

　相関分析では，サンプルから求めた相関係数(試料相関係数)rを計算し，相

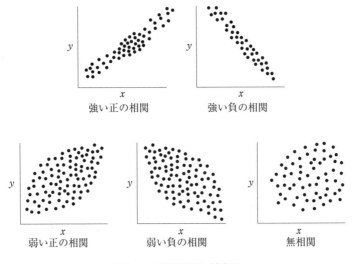

図6.1　相関関係と散布図

関の有無(母相関係数が0かどうか)を検定したり,母相関係数を推定したりする.

相関係数は,以下の式で求めることができる.

$$r=\frac{S_{xy}}{\sqrt{S_{xx}S_{yy}}}=\frac{\sum (x_i-\bar{x})(y_i-\bar{y})}{\sqrt{\{\sum (x_i-\bar{x})^2\}\times\{\sum (y_i-\bar{y})^2\}}}$$

S_{xx} は x の平方和

S_{yy} は y の平方和

S_{xy} は x と y の積和

ここで,散布図と相関係数の関係を考えてみる.

散布図に $\bar{x}$, $\bar{y}$ の線を引いて,散布図を I 〜IVの象限に分割する(図6.2).このときの各象限での $(x-\bar{x})$, $(y-\bar{y})$ および $(x-\bar{x})(y-\bar{y})$ の正負は,表6.1のようになる.

これから,以下のように散布図の点の並びと相関係数の関係が理解できる.

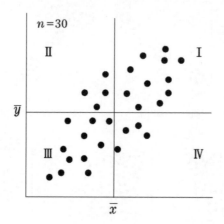

図6.2　散布図

表6.1　各象限の$(x-\bar{x})$, $(y-\bar{y})$の正負

	$(x-\bar{x})$	$(y-\bar{y})$	$(x-\bar{x})(y-\bar{y})$
I	+	+	+
II	−	+	−
III	−	−	+
IV	+	−	−

(1)　I, III象限に点が多く集まる散布図

　$(x-\bar{x})(y-\bar{y})$ は ＋ の値が多い→S_{xy}は正の大きい値→r は ＋1 に近づく→正の相関

(2)　II, IV象限に点が多く集まる散布図

　$(x-\bar{x})(y-\bar{y})$ は − の値が多い→S_{xy}は負の大きい値→r は −1 に近づく→負の相関

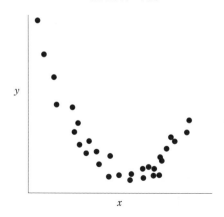

図6.3　曲線的な関係が見られる散布図

(3)　各象限の点がほぼ等しい散布図

$(x-\overline{x})(y-\overline{y})$ の合計は 0 に近づく→S_{xy} は 0 に近づく→r は 0 に近づく
→無相関

　相関係数は，x と y がどの程度直線的な関係であるかどうかを見ており，外れ値があるときや曲線的な関係にある場合には，それを求めることに意味がないことがある．例えば，**図6.3** のような散布図が得られたときには，曲線的な関係が想定され，相関係数を求めることにはあまり意味がない．

　また，厳密には相関係数は確率変数 x と y とがともに正規分布に従う場合に意味があることにも注意する．

　相関係数 r は -1 から $+1$ までの値をとり，-1 に近づくほど強い負の相関関係，$+1$ に近づくほど強い正の相関関係がある．-1 または $+1$ のときにはデータの点がすべて 1 つの直線上にある．また，0 に近づくほど相関関係は弱くなり，無相関と考えられる．

6.3　相関分析の実際

　以下の例題によって，相関分析の解析の手順を説明する．

【例題】

　潤滑剤 M の添加量 $x(\%)$ と摩擦係数 y(単位なし)の関係を調査するため 25 個のサンプルを作成して**表6.2**のデータを得た.

【解答】

(1)　相関係数の計算

手順1　データのグラフ化

　作成した散布図(**図6.4**)から,負の相関関係が見られる. すなわち,潤滑剤 M の添加量を増やすと摩擦係数が低下することがうかがえる. また,特に異常な点は見当たらない.

手順2　平方和・積和の計算

$$S_{xx}=\sum (x_i-\bar{x})^2=2.7611$$

$$S_{yy}=\sum (y_i-\bar{y})^2=0.0280$$

表6.2　データ表

No.	$x(\%)$	y	x^2	y^2	xy	No.	$x(\%)$	y	x^2	y^2	xy
1	0.05	0.21	0.0025	0.0441	0.0105	14	0.52	0.18	0.2704	0.0324	0.0936
2	0.80	0.11	0.6400	0.0121	0.0880	15	0.32	0.16	0.1024	0.0256	0.0512
3	0.21	0.17	0.0441	0.0289	0.0357	16	0.98	0.10	0.9604	0.0100	0.0980
4	0.95	0.09	0.9025	0.0081	0.0855	17	0.20	0.17	0.0400	0.0289	0.0340
5	0.13	0.17	0.0169	0.0289	0.0221	18	0.04	0.19	0.0016	0.0361	0.0076
6	0.52	0.16	0.2704	0.0256	0.0832	19	0.02	0.18	0.0004	0.0324	0.0036
7	0.41	0.14	0.1681	0.0196	0.0574	20	0.74	0.16	0.5476	0.0256	0.1184
8	0.70	0.13	0.4900	0.0169	0.0910	21	0.85	0.14	0.7225	0.0196	0.1190
9	0.60	0.14	0.3600	0.0196	0.0840	22	0.52	0.15	0.2704	0.0225	0.0780
10	0.83	0.11	0.6889	0.0121	0.0913	23	0.81	0.12	0.6561	0.0144	0.0972
11	0.02	0.19	0.0004	0.0361	0.0038	24	0.30	0.17	0.0900	0.0289	0.0510
12	0.01	0.20	0.0001	0.0400	0.0020	25	0.99	0.10	0.9801	0.0100	0.0990
13	0.74	0.11	0.5476	0.0121	0.0814	計	12.26	3.75	8.7734	0.5905	1.5865
						平均	0.4904	0.150	—	—	—

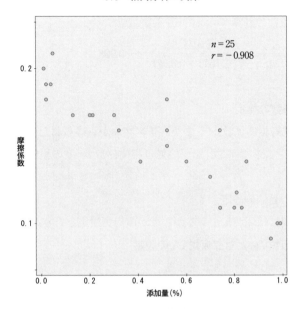

$n = 25$
$r = -0.908$

図6.4　M の添加量と摩擦係数の散布図

$$S_{xy} = \sum (x_i - \bar{x})(y_i - \bar{y}) = -0.2525$$

手計算で行う場合には，以下の式を使うと便利である．

$$S_{xx} = \sum (x_i - \bar{x})^2 = \sum x_i^2 - \frac{(\sum x_i)^2}{n}$$

$$= 8.7734 - \frac{12.26^2}{25} = 2.7611$$

$$S_{yy} = \sum (y_i - \bar{y})^2 = \sum y_i^2 - \frac{(\sum y_i)^2}{n}$$

$$= 0.5905 - \frac{3.75^2}{25} = 0.0280$$

$$S_{xy} = \sum (x_i - \bar{x})(y_i - \bar{y}) = \sum x_i y_i - \frac{(\sum x_i) \times (\sum y_i)}{n}$$

$$= 1.5865 - \frac{12.26 \times 3.75}{25} = -0.2525$$

手順3　相関係数の計算

$$r=\frac{S_{xy}}{\sqrt{S_{xx}S_{yy}}}=\frac{-0.2525}{\sqrt{2.7611\times0.0280}}=-0.908$$

(2)　母相関係数の検定

　相関係数(試料相関係数)rもまた,サンプルから得られたデータより求めた統計量である.よって,これを用いて母相関係数$\rho=0$の検定を行うことができる.

手順1　検定の目的の設定

　xとyとの間に相関関係があるかどうかの両側検定を行う.

手順2　帰無仮説H_0と対立仮説H_1の設定

　母相関係数$\rho=0$を帰無仮説とする.

$$H_0:\rho=0\quad(x\text{と}y\text{との間に相関関係はない})$$

$$H_1:\rho\neq0\quad(x\text{と}y\text{との間に相関関係がある})$$

手順3　検定統計量の選定

　試料の大きさnと試料相関係数rを用いた,

$$t_0=\frac{r\sqrt{n-2}}{\sqrt{1-r^2}}$$

は自由度$\phi=n-2$のt分布に従う.よって,t_0を検定統計量とする.

手順4　有意水準の設定

$$\alpha=0.05$$

手順5　棄却域の設定

$$R:|t_0|\geq t(n-2,\alpha)=t(23,0.05)=2.069$$

　$t(n-2,\alpha)$の値は,t表(付表2)より自由度$25-2=23$,$P=0.05$(両側確率)に相当する$t(=2.069)$を求める.

手順6　検定統計量の計算

　検定統計量t_0の計算:

$$t_0=\frac{r\sqrt{n-2}}{\sqrt{1-r^2}}=-10.39$$

手順7　検定結果の判定

$$|t_0|=10.39 > t(23,\ 0.05)=2.069$$

となり，検定統計量の値は棄却域に入り，有意となった．

手順8　結論

帰無仮説$H_0:\rho=0$は棄却され，対立仮説$H_1:\rho\neq0$が採択された．

有意水準5%でxとyとの間に相関関係があるといえる．

(3)　母相関係数の推定について

母相関係数ρの推定については，$\rho\neq0$のときには，rの分布が正規分布とはならないので，rを下記のzに変換（z変換という）し，zの分布が正規分布$N\left(z_\rho,\ \dfrac{1}{n-3}\right)$に近似できることを用いて，推定および検定（$\rho\neq0$のとき）を行うことができる．ここで，$z_\rho$は$\rho$を$z$変換した値である．

$$z=\frac{1}{2}\ln\frac{1+r}{1-r}=\tan h^{-1}r$$

【参考】

母相関係数は2つの確率変数X，Yの関係を表す量で，

$$\rho(X,\ Y)=\frac{Cov(X,\ Y)}{\sqrt{V(X)\times V(Y)}}$$

となる．この式の右辺の分子は，第2章2.3.2項で説明した共分散$Cov(X,\ Y)$で，2つの確率変数の偏差の積の期待値である．共分散の大きさは各変数の単位によって変化するが，相関係数は単位に依存せず，確率変数間の関係を表すことができる．

第7章

回帰分析

7.1 回帰分析とは

　回帰分析，特に単回帰分析は，2つの変数を扱うので相関分析との違いがよくわからない，という方も多いと思われる．相関分析が2つの変数の間の関係を解析する手法であるのに対し，回帰分析は目的とする変数の変化をもう一方の変数の値によって予測や制御することが目的である．説明するための変数が1つの場合を単回帰分析，2つ以上の場合を重回帰分析と呼ぶ（目的とする変数は常に1つである）．

　したがって，回帰分析は，目的とする変数（目的変数という）と説明するための変数（説明変数という）との関係式（回帰式という）を求めるための手法であるといえる．

　例えば，目的変数が製品の硬さ，説明変数が加工温度である単回帰分析を考える．2つの変数間に直線的な関係があるとすれば，この直線の傾きと切片を求めることができれば，2つの変数の関係が定量的に求められたことになる．

（製品の硬さ）＝ 定数（切片）＋（傾きの係数）×（加工温度）＋ 誤差

　この関係式のことを回帰式といい，得られた直線を回帰直線という．また，直線の傾きを表す係数を回帰係数という（**図7.1**）．

　実験計画法では，「母平均が因子の効果によって変動する」と考えたが，回帰分析は，「母平均（目的変数）が説明変数によって直線的に変動する」と考え，傾きの係数を統計的に推定したり検定したりする．

　回帰式は，散布図上の点の縦軸の値（実測値）と，横軸の値（実測値）に対する回帰直線上の縦軸の値との差の2乗の和（散布図上のすべての点について）が最も小さくなるように傾きや切片を決めることを行う．この方法を最小二乗法という．

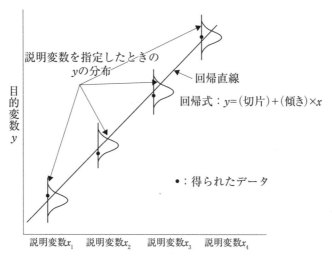

図7.1 単回帰分析

7.2 単回帰分析の仕組み

7.2.1 単回帰モデル

単回帰分析では，「予測や制御の対象とする変数」を目的変数といい，記号 y で表す．また，「予測や制御の説明に用いる変数」を説明変数といい，記号 x で表す．これらの変数を測定した n 組のデータに対して，次のような構造式を考える．

$$y_i = \beta_0 + \beta_1 x_i + \varepsilon_i$$

ただし，誤差 ε_i は，互いに独立で母平均 0 の正規分布に従っていると考える．

この構造式は，目的変数である y_i が，説明変数 x_i の 1 次式（β_1 倍して β_0 を加えた項）に，誤差 ε_i が伴っていることを表している．

ここで，β_1 は回帰係数と呼ばれる．

7.2.2 最小二乗法

x と y との関係式を求めることが回帰分析の目的である．仮に，$\hat{y}=\hat{\beta}_0+\hat{\beta}_1 x$ の回帰式が得られたとして，y の実測値である y_i と $(\hat{\beta}_0+\hat{\beta}_1 x_i)$ との差（これを残差という）を2乗し，これらの和（残差平方和）を最小にする $\hat{\beta}_0$，$\hat{\beta}_1$ を求めると，これが x から y を推定するのにもっともばらつきの少ない推定値を得る方法となる．これが最小二乗法の考え方である（図7.2）．

最小二乗法によって，散布図上のすべての点について $S_e=\sum_{i=1}^{n}(y_i-\hat{\beta}_0-\hat{\beta}_1 x_i)^2$ が最小になるように $\hat{\beta}_0$，$\hat{\beta}_1$ を定めるが，これは S_e を $\hat{\beta}_0$，$\hat{\beta}_1$ の関数とみなして偏微分し，0 とおいた方程式の解となる．

$$\frac{\partial S_e}{\partial \beta_0}=2\sum_{i}^{n}(y_i-\hat{\beta}_0-\hat{\beta}_1 x_i)(-1)=0$$

$$\frac{\partial S_e}{\partial \beta_1}=2\sum_{i}^{n}(y_i-\hat{\beta}_0-\hat{\beta}_1 x_i)(-x_i)=0$$

整理すると，

$$\hat{\beta}_0\sum_{i}^{n}1+\hat{\beta}_1\sum_{i}^{n}x_i=\sum_{i}^{n}y_i$$

$$\hat{\beta}_0\sum_{i}^{n}x_i+\hat{\beta}_1\sum_{i}^{n}x_i^2=\sum_{i}^{n}x_i y_i$$

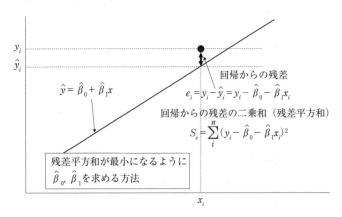

図7.2 最小二乗法の考え方

となり，この連立1次方程式を正規方程式という．

この第1式を n で割ると，

$$\widehat{\beta}_0 + \widehat{\beta}_1 \bar{x} = \bar{y}$$

となるので，回帰直線は点 $(\bar{x}, \bar{y})$ を通ることがわかる．さらに，これを第2式に代入すると，

$$(\bar{y} - \widehat{\beta}_1 \bar{x})\sum_i^n x_i + \widehat{\beta}_1 \sum_i^n x_i^2 = \sum_i^n x_i y_i$$

これから，

$$\widehat{\beta}_1 (\sum_i^n x_i^2 - \bar{x}\sum_i^n x_i) = \sum_i^n x_i y_i - \bar{y}\sum_i^n x_i$$

となる．左辺のカッコ内は，第6章の相関分析でも示された x の平方和 S_{xx} であり，右辺は x と y の積和 S_{xy} であることがわかる．よって正規方程式の解は，

$$\widehat{\beta}_1 = \frac{S_{xy}}{S_{xx}}$$

$$\widehat{\beta}_0 = \bar{y} - \widehat{\beta}_1 \bar{x} = \bar{y} - \frac{S_{xy}}{S_{xx}}\bar{x}$$

となる．このとき，残差平方和 S_e は，

$$
\begin{aligned}
S_e &= \sum_{i=1}^n (y_i - \widehat{\beta}_0 - \widehat{\beta}_1 x_i)^2 \\
&= \sum_{i=1}^n \{(y_i - \bar{y}) - \widehat{\beta}_1 (x_i - \bar{x})\}^2 \\
&= S_{yy} - 2\widehat{\beta}_1 S_{xy} + \widehat{\beta}_1^2 S_{xx} \\
&= S_{yy} - \frac{S_{xy}^2}{S_{xx}}
\end{aligned}
$$

となる．

7.2.3 平方和の分解と分散分析

(1) 平方和の分解

目的変数 y_i の平方和は，

$$\sum (y_i - \bar{y})^2 = \sum (y_i - \widehat{y}_i + \widehat{y}_i - \bar{y})^2$$

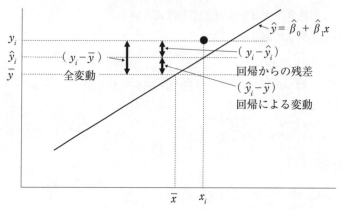

図7.3　平方和の分解

$$= \sum \{e_i + (\hat{y}_i - \bar{y})\}^2$$
$$= \sum e_i^2 + \sum (\hat{y}_i - \bar{y})^2$$

と分解される（**図7.3**）．第1項は **7.2.2項**で示した残差平方和 S_e で，第2項は回帰による平方和 S_R と呼ばれる．したがって，目的変数 y_i の平方和を総平方和 S_T とすると，

$$S_T = S_{yy} = S_R + S_e$$

となる．回帰による平方和 S_R は，

$$S_R = \sum (\hat{y}_1 - \bar{y})^2 = \hat{\beta}_1^2 S_{xx} = \frac{S_{xy}^2}{S_{xx}}$$

と求められる．

(2)　自由度

それぞれの平方和の自由度は，以下となる．

$S_T = S_{yy}$ の自由度　$\phi_T = n - 1$

S_R の自由度　　　　$\phi_R = 1$

S_e の自由度　　　　$\phi_e = n - 2$

注：回帰による平方和 S_R の自由度 ϕ_R は，説明変数の数となる．よって，単
　　回帰分析の場合は $\phi_R = 1$ となる．

(3) 分散分析表

　各平方和と自由度から分散分析表（表7.1）を作成し，実験計画法と同様に分
散分析による検定を行うことができる．分散比 $F_0 = V_R / V_E$ を検定統計量とし
てデータに直線を当てはめたことに意味があったかどうかを判断する．

　ここで，平方和の比 S_R / S_T は，総平方和のうち回帰によって説明される変動
の割合を示す．これを寄与率といい，R^2 と表す．寄与率は，以下のように相
関係数の2乗に一致する．

$$R^2 = \frac{S_R}{S_T} = \frac{S_{xy}^2 / S_{xx}}{S_{yy}} = \left(\frac{S_{xy}}{\sqrt{S_{xx} S_{yy}}} \right)^2 = r^2$$

7.2.4 残差の検討

　寄与率が低い場合は，残差が大きいということになる．さらに，異常値が
あったり曲線のほうがよく当てはまる場合もある．回帰分析では，回帰直線を
記入した散布図を吟味するとともに，

1) 残差のヒストグラム
2) 残差の時系列プロット
3) 残差と説明変数の散布図

を作成して残差の検討を行う（これらを回帰診断という）．

　ヒストグラムで外れ値があれば，そのデータについて調べる．時系列プロッ

表7.1　分散分析表

要因	平方和 S	自由度 ϕ	分散 V	分散比 F_0
回帰 R	$S_R = \dfrac{S_{xy}^2}{S_{xx}}$	$\phi_R = 1$	$V_R = S_R$	$F_0 = V_R / V_e$
残差 e	$S_e = S_{yy} - S_R$	$\phi_e = n-2$	$V_e = S_e / \phi_e$	
計	$S_T = S_{yy}$	$\phi_T = n-1$		

トで異常が見られたら，測定順の影響が考えられる．残差と説明変数の散布図
で曲線的な関係が見られたら，説明変数に2次の項を検討する必要がある．

7.3　単回帰分析の実際

　以下の例題によって，単回帰分析の解析の手順を説明する．

【例題】
　表6.2(p.148)の潤滑剤 M の添加量 x(％)と摩擦係数 y(単位なし)のデータか
ら単回帰分析を行う．

【解答】
(1)　回帰式の推定
手順1　データのグラフ化
　散布図(**図7.4**)から，潤滑剤 M の添加量と摩擦係数には直線関係にあると
考えられる．また，特に異常な点は見当たらない．
手順2　回帰定数・回帰係数の計算
　表 **6.2** と **6.3** 節(1)の手順2の結果から，

$$\bar{x}=0.4904$$
$$\bar{y}=0.150$$
$$S_{xx}=2.7611$$
$$S_{yy}=0.0280$$
$$S_{xy}=-0.2525$$

　したがって，

$$\hat{\beta}_1=\frac{S_{xy}}{S_{xx}}=\frac{-0.2525}{2.7611}=-0.09145$$
$$\hat{\beta}_0=\bar{y}-\hat{\beta}_1\bar{x}=0.150+0.09145\times0.4904=0.1948$$

となる．

手順3 回帰式の推定

回帰式は,

$$\widehat{y}=\widehat{\beta}_0+\widehat{\beta}_1x=0.195-0.0915x$$

あるいは,

$$\widehat{y}=\bar{y}-\widehat{\beta}_1(x-\bar{x})=0.150-0.0915(x-0.490)$$

となる.

手順4 回帰式の散布図への記入

推定した回帰式を記入した散布図を図7.4に示す.直線関係が当てはまっているといえる.

注:回帰式は得られたデータの範囲内で成立する.したがって,直線をデータの範囲外に外挿することは基本的に避けねばならない.

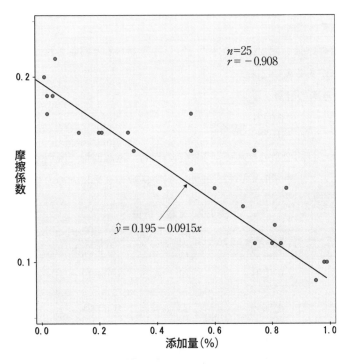

図7.4 Mの添加量と摩擦係数の散布図(回帰式記入)

(2)　分散分析

手順1　平方和の計算

$$S_T = S_{yy} = 0.0280$$

$$S_R = \frac{S_{xy}^2}{S_{xx}} = \frac{(-0.2525)^2}{2.7611} = 0.02309$$

$$S_e = S_T - S_R = 0.00491$$

手順2　自由度の計算

$$\phi_T = n - 1 = 24$$

$$\phi_R = 1$$

$$\phi_e = n - 2 = 23$$

手順3　分散分析表の作成

分散分析表(表7.2)を作成する.

手順4　判定

分散分析の結果,回帰は有意水準1%で有意であると判断された.すなわち,回帰に意味があるといえる.

手順5　寄与率の計算

$$R^2 = \frac{S_R}{S_T} = \frac{0.0231}{0.0280} = 0.825$$

寄与率は,目的変数の全体のばらつきのうち,直線回帰で説明できる割合が82.5%であることを示している.また,相関係数の2乗に丸めの範囲で一致し

表7.2　分散分析表

要因	平方和 S	自由度 ϕ	分散 V	分散比 F_0
回帰 R	0.0231	1	0.0231	108**
残差 e	0.0049	23	0.000213	
計	0.0280	24		

$F(1, 23 ; 0.05) = 4.28$, $F(1, 23 ; 0.01) = 7.88$

ている.

$$r^2 = (-0.908)^2 = 0.824$$

付表 1　正規分布表

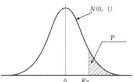

$N(0,\ 1)$

P

$0\quad K_P$

（Ⅰ）　K_P から P を求める表

K_P	*=0	1	2	3	4	5	6	7	8	9
0.0*	.5000	.4960	.4920	.4880	.4840	.4801	.4761	.4721	.4681	.4641
0.1*	.4602	.4562	.4522	.4483	.4443	.4404	.4364	.4325	.4286	.4247
0.2*	.4207	.4168	.4129	.4090	.4052	.4013	.3974	.3936	.3897	.3859
0.3*	.3821	.3783	.3745	.3707	.3669	.3632	.3594	.3557	.3520	.3483
0.4*	.3446	.3409	.3372	.3336	.3300	.3264	.3228	.3192	.3156	.3121
0.5*	.3085	.3050	.3015	.2981	.2946	.2912	.2877	.2843	.2810	.2776
0.6*	.2743	.2709	.2676	.2643	.2611	.2578	.2546	.2514	.2483	.2451
0.7*	.2420	.2389	.2358	.2327	.2296	.2266	.2236	.2206	.2177	.2148
0.8*	.2119	.2090	.2061	.2033	.2005	.1977	.1949	.1922	.1894	.1867
0.9*	.1841	.1814	.1788	.1762	.1736	.1711	.1685	.1660	.1635	.1611
1.0*	.1587	.1562	.1539	.1515	.1492	.1469	.1446	.1423	.1401	.1379
1.1*	.1357	.1335	.1314	.1292	.1271	.1251	.1230	.1210	.1190	.1170
1.2*	.1151	.1131	.1112	.1093	.1075	.1056	.1038	.1020	.1003	.0985
1.3*	.0968	.0951	.0934	.0918	.0901	.0885	.0869	.0853	.0838	.0823
1.4*	.0808	.0793	.0778	.0764	.0749	.0735	.0721	.0708	.0694	.0681
1.5*	.0668	.0655	.0643	.0630	.0618	.0606	.0594	.0582	.0571	.0559
1.6*	.0548	.0537	.0526	.0516	.0505	.0495	.0485	.0475	.0465	.0455
1.7*	.0446	.0436	.0427	.0418	.0409	.0401	.0392	.0384	.0375	.0367
1.8*	.0359	.0351	.0344	.0336	.0329	.0322	.0314	.0307	.0301	.0294
1.9*	.0287	.0281	.0274	.0268	.0262	.0256	.0250	.0244	.0239	.0233
2.0*	.0228	.0222	.0217	.0212	.0207	.0202	.0197	.0192	.0188	.0183
2.1*	.0179	.0174	.0170	.0166	.0162	.0158	.0154	.0150	.0146	.0143
2.2*	.0139	.0136	.0132	.0129	.0125	.0122	.0119	.0116	.0113	.0110
2.3*	.0107	.0104	.0102	.0099	.0096	.0094	.0091	.0089	.0087	.0084
2.4*	.0082	.0080	.0078	.0075	.0073	.0071	.0069	.0068	.0066	.0064
2.5*	.0062	.0060	.0059	.0057	.0055	.0054	.0052	.0051	.0049	.0048
2.6*	.0047	.0045	.0044	.0043	.0041	.0040	.0039	.0038	.0037	.0036
2.7*	.0035	.0034	.0033	.0032	.0031	.0030	.0029	.0028	.0027	.0026
2.8*	.0026	.0025	.0024	.0023	.0023	.0022	.0021	.0021	.0020	.0019
2.9*	.0019	.0018	.0018	.0017	.0016	.0016	.0015	.0015	.0014	.0014
3.0*	.0013	.0013	.0013	.0012	.0012	.0011	.0011	.0011	.0010	.0010
3.5	.2326E-3									
4.0	.3167E-4									
4.5	.3398E-5									
5.0	.2867E-6									
5.5	.1899E-7									

（Ⅱ）　P から K_P を求める表

P	*=0	1	2	3	4	5	6	7	8	9
0.00*	∞	3.090	2.878	2.748	2.652	2.576	2.512	2.457	2.409	2.366
0.0*	∞	2.326	2.054	1.881	1.751	1.645	1.555	1.476	1.405	1.341
0.1*	1.282	1.227	1.175	1.126	1.080	1.036	.994	.954	.915	.878
0.2*	.842	.806	.772	.739	.706	.674	.643	.613	.583	.553
0.3*	.524	.496	.468	.440	.412	.385	.358	.332	.305	.279
0.4*	.253	.228	.202	.176	.151	.126	.100	.075	.050	.025

出典）森口繁一，日科技連数値表委員会編：『新編 日科技連数値表―第2版』，日科技連出版社，2009年.

付表2　*t*表

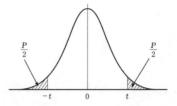

自由度 φ と両側確率 *P* とから *t* を求める表

φ \ P	0.50	0.40	0.30	0.20	0.10	**0.05**	0.02	**0.01**	0.001	φ
1	1.000	1.376	1.963	3.078	6.314	**12.706**	31.821	**63.657**	636.619	1
2	0.816	1.061	1.386	1.886	2.920	**4.303**	6.965	**9.925**	31.599	2
3	0.765	0.978	1.250	1.638	2.353	**3.182**	4.541	**5.841**	12.924	3
4	0.741	0.941	1.190	1.533	2.132	**2.776**	3.747	**4.604**	8.610	4
5	0.727	0.920	1.156	1.476	2.015	**2.571**	3.365	**4.032**	6.869	5
6	0.718	0.906	1.134	1.440	1.943	**2.447**	3.143	**3.707**	5.959	6
7	0.711	0.896	1.119	1.415	1.895	**2.365**	2.998	**3.499**	5.408	7
8	0.706	0.889	1.108	1.397	1.860	**2.306**	2.896	**3.355**	5.041	8
9	0.703	0.883	1.100	1.383	1.833	**2.262**	2.821	**3.250**	4.781	9
10	0.700	0.879	1.093	1.372	1.812	**2.228**	2.764	**3.169**	4.587	10
11	0.697	0.876	1.088	1.363	1.796	**2.201**	2.718	**3.106**	4.437	11
12	0.695	0.873	1.083	1.356	1.782	**2.179**	2.681	**3.055**	4.318	12
13	0.694	0.870	1.079	1.350	1.771	**2.160**	2.650	**3.012**	4.221	13
14	0.692	0.868	1.076	1.345	1.761	**2.145**	2.624	**2.977**	4.140	14
15	0.691	0.866	1.074	1.341	1.753	**2.131**	2.602	**2.947**	4.073	15
16	0.690	0.865	1.071	1.337	1.746	**2.120**	2.583	**2.921**	4.015	16
17	0.689	0.863	1.069	1.333	1.740	**2.110**	2.567	**2.898**	3.965	17
18	0.688	0.862	1.067	1.330	1.734	**2.101**	2.552	**2.878**	3.922	18
19	0.688	0.861	1.066	1.328	1.729	**2.093**	2.539	**2.861**	3.883	19
20	0.687	0.860	1.064	1.325	1.725	**2.086**	2.528	**2.845**	3.850	20
21	0.686	0.859	1.063	1.323	1.721	**2.080**	2.518	**2.831**	3.819	21
22	0.686	0.858	1.061	1.321	1.717	**2.074**	2.508	**2.819**	3.792	22
23	0.685	0.858	1.060	1.319	1.714	**2.069**	2.500	**2.807**	3.768	23
24	0.685	0.857	1.059	1.318	1.711	**2.064**	2.492	**2.797**	3.745	24
25	0.684	0.856	1.058	1.316	1.708	**2.060**	2.485	**2.787**	3.725	25
26	0.684	0.856	1.058	1.315	1.706	**2.056**	2.479	**2.779**	3.707	26
27	0.684	0.855	1.057	1.314	1.703	**2.052**	2.473	**2.771**	3.690	27
28	0.683	0.855	1.056	1.313	1.701	**2.048**	2.467	**2.763**	3.674	28
29	0.683	0.854	1.055	1.311	1.699	**2.045**	2.462	**2.756**	3.659	29
30	0.683	0.854	1.055	1.310	1.697	**2.042**	2.457	**2.750**	3.646	30
40	0.681	0.851	1.050	1.303	1.684	**2.021**	2.423	**2.704**	3.551	40
60	0.679	0.848	1.046	1.296	1.671	**2.000**	2.390	**2.660**	3.460	60
120	0.677	0.845	1.041	1.289	1.658	**1.980**	2.358	**2.617**	3.373	120
∞	0.674	0.842	1.036	1.282	1.645	**1.960**	2.326	**2.576**	3.291	∞

例）φ = 10 の両側 5% 点（*P* = 0.05）に対する *t* の値は 2.228 である．

出典）森口繁一，日科技連数値表委員会編：『新編 日科技連数値表─第2版』，日科技連出版社，2009年．

付表3　χ^2　表

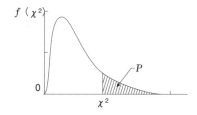

自由度 ϕ と上側確率 P とから χ^2 を求める表

ϕ＼P	.995	.99	.975	.95	.90	.75	.50	.25	.10	.05	.025	.01	.005	P＼ϕ
1	0.0^4393	0.0^3157	0.0^3982	0.0^2393	0.0158	0.102	0.455	1.323	2.71.	3.84	5.02	6.63	7.88	1
2	0.0100	0.0201	0.0506	0.103	0.211	0.575	1.386	2.77	4.61	5.99	7.38	9.21	10.60	2
3	0.0717	0.115	0.216	0.352	0.584	1.213	2.37	4.11	6.25	7.81	9.35	11.34	12.84	3
4	0.207	0.297	0.484	0.711	1.064	1.923	3.36	5.39	7.78	9.49	11.14	13.28	14.86	4
5	0.412	0.544	0.831	1.145	1.610	2.67	4.35	6.63	9.24	11.07	12.83	15.09	16.75	5
6	0.676	0.872	1.237	1.635	2.20	3.45	5.35	7.84	10.64	12.59	14.45	16.81	18.55	6
7	0.989	1.239	1.690	2.17	2.83	4.25	6.35	9.04	12.02	14.07	16.01	18.48	20.3	7
8	1.344	1.646	2.18	2.73	3.49	5.07	7.34	10.22	13.36	15.51	17.53	20.1	22.0	8
9	1.735	2.09	2.70	3.33	4.17	5.90	8.34	11.39	14.68	16.92	19.02	21.7	23.6	9
10	2.16	2.56	3.25	3.94	4.87	6.74	9.34	12.55	15.99	18.31	20.5	23.2	25.2	10
11	2.60	3.05	3.82	4.57	5.58	7.58	10.34	13.70	17.28	19.68	21.9	24.7	26.8	11
12	3.07	3.57	4.40	5.23	6.30	8.44	11.34	14.85	18.55	21.0	23.3	26.2	28.3	12
13	3.57	4.11	5.01	5.89	7.04	9.30	12.34	15.98	19.81	22.4	24.7	27.7	29.8	13
14	4.07	4.66	5.63	6.57	7.79	10.17	13.34	17.12	21.1	23.7	26.1	29.1	31.3	14
15	4.60	5.23	6.26	7.26	8.55	11.04	14.34	18.25	22.3	25.0	27.5	30.6	32.8	15
16	5.14	5.81	6.91	7.96	9.31	11.91	15.34	19.37	23.5	26.3	28.8	32.0	34.3	16
17	5.70	6.41	7.56	8.67	10.09	12.79	16.34	20.5	24.8	27.6	30.2	33.4	35.7	17
18	6.26	7.01	8.23	9.39	10.86	13.68	17.34	21.6	26.0	28.9	31.5	34.8	37.2	18
19	6.84	7.63	8.91	10.12	11.65	14.56	18.34	22.7	27.2	30.1	32.9	36.2	38.6	19
20	.7.43	8.26	9.59.	10.85	12.44	15.45	19.34	23.8	28.4	31.4	34.2	37.6	40.0	20
21	8.03	8.90	10.28	11.59	13.24	16.34	20.3	24.9	29.6	32.7	35.5	38.9	41.4	21
22	8.64	9.54	10.98	12.34	14.04	17.24	21.3	26.0	30.8	33.9	36.8	40.3	42.8	22
23	9.26	10.20	11.69	13.09	14.85	18.14	22.3	27.1	32.0	35.2	38.1	41.6	44.2	23
24	9.89	10.86	12.40	13.85	15.66	19.04	23.3	28.2	33.2	36.4	39.4	43.0	45.6	24
25	10.52	11.52	13.12	14.61	16.47	19.94	24.3	29.3	34.4	37.7	40.6	44.3	46.9	25
26	11.16	12.20	13.84	15.38	17.29	20.8	25.3	30.4	35.6	38.9	41.9	45.6	48.3	26
27	11.81	12.88	14.57	16.15	18.11	21.7	26.3	31.5	36.7	40.1	43.2	47.0	49.6	27
28	12.46	13.56	15.31	16.93	18.94	22.7	27.3	32.6	37.9	41.3	44.5	48.3	51.0	28
29	13.12	14.26	16.05	17.71	19.77	23.6	28.3	33.7	39.1	42.6	45.7	49.6	52.3	29
30	13.79	14.95	16.79	18.49	20.6	24.5	29.3	34.8	40.3	43.8	47.0	50.9	53.7	30
40	20.7	22.2	24.4	26.5	29.1	33.7	39.3	45.6	51.8	55.8	59.3	63.7	66.8	40
50	28.0	29.7	32.4	34.8	37.7	42.9	49.3	56.3	63.2	67.5	71.4	76.2	79.5	50
60	35.5	37.5	40.5	43.2	46.5	52.3	59.3	67.0	74.4	79.1	83.3	88.4	92.0	60
70	43.3	45.4	48.8	51.7	55.3	61.7	69.3	77.6	85.5	90.5	95.0	100.4	104.2	70
80	51.2	53.5	57.2	60.4	64.3	71.1	79.3	88.1	96.6	101.9	106.6	112.3	116.3	80
90	59.2	61.8	65.6	69.1	73.3	80.6	89.3	98.6	107.6	113.1	118.1	124.1	128.3	90
100	67.3	70..1	74.2	77.9	82.4	90.1	99.3	109.1	118.5	124.3	129.6	135.9	140.2	100

出典）森口繁一，日科技連数値表委員会編：『新編 日科技連数値表—第2版』，日科技連出版社，2009年.

付表 4　F表 (0.025)

$F(\phi_1, \phi_2 ; \alpha)$　α＝0.025
φ₁ ＝分子の自由度　φ₂ ＝分母の自由度

φ₂ \ φ₁	1	2	3	4	5	6	7	8	9	10	12	15	20	24	30	40	60	120	∞
1	648.	800.	864.	900.	922.	937.	948.	957.	963.	969.	977.	985.	993.	997.	1001.	1006.	1010.	1014.	1018.
2	38.5	39.0	39.2	39.2	39.3	39.3	39.4	39.4	39.4	39.4	39.4	39.4	39.4	39.5	39.5	39.5	39.5	39.5	39.5
3	17.4	16.0	15.4	15.1	14.9	14.7	14.6	14.5	14.5	14.4	14.3	14.3	14.2	14.1	14.1	14.0	14.0	13.9	13.9
4	12.2	10.6	9.98	9.60	9.36	9.20	9.07	8.98	8.90	8.84	8.75	8.66	8.56	8.51	8.46	8.41	8.36	8.31	8.26
5	10.0	8.43	7.76	7.39	7.15	6.98	6.85	6.76	6.68	6.62	6.52	6.43	6.33	6.28	6.23	6.18	6.12	6.07	6.02
6	8.81	7.26	6.60	6.23	5.99	5.82	5.70	5.60	5.52	5.46	5.37	5.27	5.17	5.12	5.07	5.01	4.96	4.90	4.85
7	8.07	6.54	5.89	5.52	5.29	5.12	4.99	4.90	4.82	4.76	4.67	4.57	4.47	4.42	4.36	4.31	4.25	4.20	4.14
8	7.57	6.06	5.42	5.05	4.82	4.65	4.53	4.43	4.36	4.30	4.20	4.10	4.00	3.95	3.89	3.84	3.78	3.73	3.67
9	7.21	5.71	5.08	4.72	4.48	4.32	4.20	4.10	4.03	3.96	3.87	3.77	3.67	3.61	3.56	3.51	3.45	3.39	3.33
10	6.94	5.46	4.83	4.47	4.24	4.07	3.95	3.85	3.78	3.72	3.62	3.52	3.42	3.37	3.31	3.26	3.20	3.14	3.08
11	6.72	5.26	4.63	4.28	4.04	3.88	3.76	3.66	3.59	3.53	3.43	3.33	3.23	3.17	3.12	3.06	3.00	2.94	2.88
12	6.55	5.10	4.47	4.12	3.89	3.73	3.61	3.51	3.44	3.37	3.28	3.18	3.07	3.02	2.96	2.91	2.85	2.79	2.72
13	6.41	4.97	4.35	4.00	3.77	3.60	3.48	3.39	3.31	3.25	3.15	3.05	2.95	2.89	2.84	2.78	2.72	2.66	2.60
14	6.30	4.86	4.24	3.89	3.66	3.50	3.38	3.29	3.21	3.15	3.05	2.95	2.84	2.79	2.73	2.67	2.61	2.55	2.49
15	6.20	4.77	4.15	3.80	3.58	3.41	3.29	3.20	3.12	3.06	2.96	2.86	2.76	2.70	2.64	2.59	2.52	2.46	2.40
16	6.12	4.69	4.08	3.73	3.50	3.34	3.22	3.12	3.05	2.99	2.89	2.79	2.68	2.63	2.57	2.51	2.45	2.38	2.32
17	6.04	4.62	4.01	3.66	3.44	3.28	3.16	3.06	2.98	2.92	2.82	2.72	2.62	2.56	2.50	2.44	2.38	2.32	2.25
18	5.98	4.56	3.95	3.61	3.38	3.22	3.10	3.01	2.93	2.87	2.77	2.67	2.56	2.50	2.44	2.38	2.32	2.26	2.19
19	5.92	4.51	3.90	3.56	3.33	3.17	3.05	2.96	2.88	2.82	2.72	2.62	2.51	2.45	2.39	2.33	2.27	2.20	2.13
20	5.87	4.46	3.86	3.51	3.29	3.13	3.01	2.91	2.84	2.77	2.68	2.57	2.46	2.41	2.35	2.29	2.22	2.16	2.09
21	5.83	4.42	3.82	3.48	3.25	3.09	2.97	2.87	2.80	2.73	2.64	2.53	2.42	2.37	2.31	2.25	2.18	2.11	2.04
22	5.79	4.38	3.78	3.44	3.22	3.05	2.93	2.84	2.76	2.70	2.60	2.50	2.39	2.33	2.27	2.21	2.14	2.08	2.00
23	5.75	4.35	3.75	3.41	3.18	3.02	2.90	2.81	2.73	2.67	2.57	2.47	2.36	2.30	2.24	2.18	2.11	2.04	1.97
24	5.72	4.32	3.72	3.38	3.15	2.99	2.87	2.78	2.70	2.64	2.54	2.44	2.33	2.27	2.21	2.15	2.08	2.01	1.94
25	5.69	4.29	3.69	3.35	3.13	2.97	2.85	2.75	2.68	2.61	2.51	2.41	2.30	2.24	2.18	2.12	2.05	1.98	1.91
26	5.66	4.27	3.67	3.33	3.10	2.94	2.82	2.73	2.65	2.59	2.49	2.39	2.28	2.22	2.16	2.09	2.03	1.95	1.88
27	5.63	4.24	3.65	3.31	3.08	2.92	2.80	2.71	2.63	2.57	2.47	2.36	2.25	2.19	2.13	2.07	2.00	1.93	1.85
28	5.61	4.22	3.63	3.29	3.06	2.90	2.78	2.69	2.61	2.55	2.45	2.34	2.23	2.17	2.11	2.05	1.98	1.91	1.83
29	5.59	4.20	3.61	3.27	3.04	2.88	2.76	2.67	2.59	2.53	2.43	2.32	2.21	2.15	2.09	2.03	1.96	1.89	1.81
30	5.57	4.18	3.59	3.25	3.03	2.87	2.75	2.65	2.57	2.51	2.41	2.31	2.20	2.14	2.07	2.01	1.94	1.87	1.79
40	5.42	4.05	3.46	3.13	2.90	2.74	2.62	2.53	2.45	2.39	2.29	2.18	2.07	2.01	1.94	1.88	1.80	1.72	1.64
60	5.29	3.93	3.34	3.01	2.79	2.63	2.51	2.41	2.33	2.27	2.17	2.06	1.94	1.88	1.82	1.74	1.67	1.58	1.48
120	5.15	3.80	3.23	2.89	2.67	2.52	2.39	2.30	2.22	2.16	2.05	1.94	1.82	1.76	1.69	1.61	1.53	1.43	1.31
∞	5.02	3.69	3.12	2.79	2.57	2.41	2.29	2.19	2.11	2.05	1.94	1.83	1.71	1.64	1.57	1.48	1.39	1.27	1.00
φ₂ \ φ₁	1	2	3	4	5	6	7	8	9	10	12	15	20	24	30	40	60	120	∞

例)　φ₁＝5, φ₂＝10のF(φ₁, φ₂; 0.025)の値は、φ₁＝5の列とφ₂＝10の行の交わる点の値4.24で与えられる。

出典)　森口繁一、日科技連数値表委員会編：「新編 日科技連数値表—第2版」, 日科技連出版社, 2009年.

付表 5　F表 (0.05　0.01)

$F(\phi_1, \phi_2 ; \alpha)$　$\alpha = 0.05$(細字)　$\alpha = 0.01$(太字)
$\phi_1 = $ 分子の自由度　$\phi_2 = $ 分母の自由度

各セルは上段 $\alpha=0.05$(細字) / 下段 $\alpha=0.01$(太字)

ϕ_2 \ ϕ_1	1	2	3	4	5	6	7	8	9	10	12	15	20	24	30	40	60	120	∞
1	161. / 4052.	200. / 5000.	216. / 5403.	225. / 5625.	230. / 5764.	234. / 5859.	237. / 5928.	239. / 5981.	241. / 6022.	242. / 6056.	244. / 6106.	246. / 6157.	248. / 6209.	249. / 6235.	250. / 6261.	251. / 6287.	252. / 6313.	253. / 6339.	254. / 6366.
2	18.5 / 98.5	19.0 / 99.0	19.2 / 99.2	19.2 / 99.2	19.3 / 99.3	19.3 / 99.3	19.4 / 99.4	19.4 / 99.4	19.4 / 99.4	19.4 / 99.4	19.4 / 99.4	19.4 / 99.4	19.4 / 99.4	19.5 / 99.5	19.5 / 99.5	19.5 / 99.5	19.5 / 99.5	19.5 / 99.5	19.5 / 99.5
3	10.1 / 34.1	9.55 / 30.8	9.28 / 29.5	9.12 / 28.7	9.01 / 28.2	8.94 / 27.9	8.89 / 27.7	8.85 / 27.5	8.81 / 27.3	8.79 / 27.2	8.74 / 27.1	8.70 / 26.9	8.66 / 26.7	8.64 / 26.6	8.62 / 26.5	8.59 / 26.4	8.57 / 26.3	8.55 / 26.2	8.53 / 26.1
4	7.71 / 21.2	6.94 / 18.0	6.59 / 16.7	6.39 / 16.0	6.26 / 15.5	6.16 / 15.2	6.09 / 15.0	6.04 / 14.8	6.00 / 14.7	5.96 / 14.5	5.91 / 14.4	5.86 / 14.2	5.80 / 14.0	5.77 / 13.9	5.75 / 13.8	5.72 / 13.7	5.69 / 13.7	5.66 / 13.6	5.63 / 13.5
5	6.61 / 16.3	5.79 / 13.3	5.41 / 12.1	5.19 / 11.4	5.05 / 11.0	4.95 / 10.7	4.88 / 10.5	4.82 / 10.3	4.77 / 10.2	4.74 / 10.1	4.68 / 9.89	4.62 / 9.72	4.56 / 9.55	4.53 / 9.47	4.50 / 9.38	4.46 / 9.29	4.43 / 9.20	4.40 / 9.11	4.36 / 9.02
6	5.99 / 13.7	5.14 / 10.9	4.76 / 9.78	4.53 / 9.15	4.39 / 8.75	4.28 / 8.47	4.21 / 8.26	4.15 / 8.10	4.10 / 7.98	4.06 / 7.87	4.00 / 7.72	3.94 / 7.56	3.87 / 7.40	3.84 / 7.31	3.81 / 7.23	3.77 / 7.14	3.74 / 7.06	3.70 / 6.97	3.67 / 6.88
7	5.59 / 12.2	4.74 / 9.55	4.35 / 8.45	4.12 / 7.85	3.97 / 7.46	3.87 / 7.19	3.79 / 6.99	3.73 / 6.84	3.68 / 6.72	3.64 / 6.62	3.57 / 6.47	3.51 / 6.31	3.44 / 6.16	3.41 / 6.07	3.38 / 5.99	3.34 / 5.91	3.30 / 5.82	3.27 / 5.74	3.23 / 5.65
8	5.32 / 11.3	4.46 / 8.65	4.07 / 7.59	3.84 / 7.01	3.69 / 6.63	3.58 / 6.37	3.50 / 6.18	3.44 / 6.03	3.39 / 5.91	3.35 / 5.81	3.28 / 5.67	3.22 / 5.52	3.15 / 5.36	3.12 / 5.28	3.08 / 5.20	3.04 / 5.12	3.01 / 5.03	2.97 / 4.95	2.93 / 4.86
9	5.12 / 10.6	4.26 / 8.02	3.86 / 6.99	3.63 / 6.42	3.48 / 6.06	3.37 / 5.80	3.29 / 5.61	3.23 / 5.47	3.18 / 5.35	3.14 / 5.26	3.07 / 5.11	3.01 / 4.96	2.94 / 4.81	2.90 / 4.73	2.86 / 4.65	2.83 / 4.57	2.79 / 4.48	2.75 / 4.40	2.71 / 4.31
10	4.96 / 10.0	4.10 / 7.56	3.71 / 6.55	3.48 / 5.99	3.33 / 5.64	3.22 / 5.39	3.14 / 5.20	3.07 / 5.06	3.02 / 4.94	2.98 / 4.85	2.91 / 4.71	2.85 / 4.56	2.77 / 4.41	2.74 / 4.33	2.70 / 4.25	2.66 / 4.17	2.62 / 4.08	2.58 / 4.00	2.54 / 3.91
11	4.84 / 9.65	3.98 / 7.21	3.59 / 6.22	3.36 / 5.67	3.20 / 5.32	3.09 / 5.07	3.01 / 4.89	2.95 / 4.74	2.90 / 4.63	2.85 / 4.54	2.79 / 4.40	2.72 / 4.25	2.65 / 4.10	2.61 / 4.02	2.57 / 3.94	2.53 / 3.86	2.49 / 3.78	2.45 / 3.69	2.40 / 3.60
12	4.75 / 9.33	3.89 / 6.93	3.49 / 5.95	3.26 / 5.41	3.11 / 5.06	3.00 / 4.82	2.91 / 4.64	2.85 / 4.50	2.80 / 4.39	2.75 / 4.30	2.69 / 4.16	2.62 / 4.01	2.54 / 3.86	2.51 / 3.78	2.47 / 3.70	2.43 / 3.62	2.38 / 3.54	2.34 / 3.45	2.30 / 3.36
13	4.67 / 9.07	3.81 / 6.70	3.41 / 5.74	3.18 / 5.21	3.03 / 4.86	2.92 / 4.62	2.83 / 4.44	2.77 / 4.30	2.71 / 4.19	2.67 / 4.10	2.60 / 3.96	2.53 / 3.82	2.46 / 3.66	2.42 / 3.59	2.38 / 3.51	2.34 / 3.43	2.30 / 3.34	2.25 / 3.25	2.21 / 3.17
14	4.60 / 8.86	3.74 / 6.51	3.34 / 5.56	3.11 / 5.04	2.96 / 4.69	2.85 / 4.46	2.76 / 4.28	2.70 / 4.14	2.65 / 4.03	2.60 / 3.94	2.53 / 3.80	2.46 / 3.66	2.39 / 3.51	2.35 / 3.43	2.31 / 3.35	2.27 / 3.27	2.22 / 3.18	2.18 / 3.09	2.13 / 3.00
15	4.54 / 8.68	3.68 / 6.36	3.29 / 5.42	3.06 / 4.89	2.90 / 4.56	2.79 / 4.32	2.71 / 4.14	2.64 / 4.00	2.59 / 3.89	2.54 / 3.80	2.48 / 3.67	2.40 / 3.52	2.33 / 3.37	2.29 / 3.29	2.25 / 3.21	2.20 / 3.13	2.16 / 3.05	2.11 / 2.96	2.07 / 2.87

例）$\phi_1 = 5$，$\phi_2 = 10$ に対する $F(\phi_1, \phi_2 ; 0.05)$ の値は，$\phi_1 = 5$ の列と $\phi_2 = 10$ の行との交わる点の上段の値(細字)3.33で与えられる。

付表 5 （つづき）

ϕ_2	1	2	3	4	5	6	7	8	9	10	12	15	20	24	30	40	60	120	∞
16	4.49	3.63	3.24	3.01	2.85	2.74	2.66	2.59	2.54	2.49	2.42	2.35	2.28	2.24	2.19	2.15	2.11	2.06	2.01
	8.53	6.23	5.29	4.77	4.44	4.20	4.03	3.89	3.78	3.69	3.55	3.41	3.26	3.18	3.10	3.02	2.93	2.84	2.75
17	4.45	3.59	3.20	2.96	2.81	2.70	2.61	2.55	2.49	2.45	2.38	2.31	2.23	2.19	2.15	2.10	2.06	2.01	1.96
	8.40	6.11	5.18	4.67	4.34	4.10	3.93	3.79	3.68	3.59	3.46	3.31	3.16	3.08	3.00	2.92	2.83	2.75	2.65
18	4.41	3.55	3.16	2.93	2.77	2.66	2.58	2.51	2.46	2.41	2.34	2.27	2.19	2.15	2.11	2.06	2.02	1.97	1.92
	8.29	6.01	5.09	4.58	4.25	4.01	3.84	3.71	3.60	3.51	3.37	3.23	3.08	3.00	2.92	2.84	2.75	2.66	2.57
19	4.38	3.52	3.13	2.90	2.74	2.63	2.54	2.48	2.42	2.38	2.31	2.23	2.16	2.11	2.07	2.03	1.98	1.93	1.88
	8.18	5.93	5.01	4.50	4.17	3.94	3.77	3.63	3.52	3.43	3.30	3.15	3.00	2.92	2.84	2.76	2.67	2.58	2.49
20	4.35	3.49	3.10	2.87	2.71	2.60	2.51	2.45	2.39	2.35	2.28	2.20	2.12	2.08	2.04	1.99	1.95	1.90	1.84
	8.10	5.85	4.94	4.43	4.10	3.87	3.70	3.56	3.46	3.37	3.23	3.09	2.94	2.86	2.78	2.69	2.61	2.52	2.42
21	4.32	3.47	3.07	2.84	2.68	2.57	2.49	2.42	2.37	2.32	2.25	2.18	2.10	2.05	2.01	1.96	1.92	1.87	1.81
	8.02	5.78	4.87	4.37	4.04	3.81	3.64	3.51	3.40	3.31	3.17	3.03	2.88	2.80	2.72	2.64	2.55	2.46	2.36
22	4.30	3.44	3.05	2.82	2.66	2.55	2.46	2.40	2.34	2.30	2.23	2.15	2.07	2.03	1.98	1.94	1.89	1.84	1.78
	7.95	5.72	4.82	4.31	3.99	3.76	3.59	3.45	3.35	3.26	3.12	2.98	2.83	2.75	2.67	2.58	2.50	2.40	2.31
23	4.28	3.42	3.03	2.80	2.64	2.53	2.44	2.37	2.32	2.27	2.20	2.13	2.05	2.01	1.96	1.91	1.86	1.81	1.76
	7.88	5.66	4.76	4.26	3.94	3.71	3.54	3.41	3.30	3.21	3.07	2.93	2.78	2.70	2.62	2.54	2.45	2.35	2.26
24	4.26	3.40	3.01	2.78	2.62	2.51	2.42	2.36	2.30	2.25	2.18	2.11	2.03	1.98	1.94	1.89	1.84	1.79	1.73
	7.82	5.61	4.72	4.22	3.90	3.67	3.50	3.36	3.26	3.17	3.03	2.89	2.74	2.66	2.58	2.49	2.40	2.31	2.21
25	4.24	3.39	2.99	2.76	2.60	2.49	2.40	2.34	2.28	2.24	2.16	2.09	2.01	1.96	1.92	1.87	1.82	1.77	1.71
	7.77	5.57	4.68	4.18	3.85	3.63	3.46	3.32	3.22	3.13	2.99	2.85	2.70	2.62	2.54	2.45	2.36	2.27	2.17
26	4.23	3.37	2.98	2.74	2.59	2.47	2.39	2.32	2.27	2.22	2.15	2.07	1.99	1.95	1.90	1.85	1.80	1.75	1.69
	7.72	5.53	4.64	4.14	3.82	3.59	3.42	3.29	3.18	3.09	2.96	2.81	2.66	2.58	2.50	2.42	2.33	2.23	2.13
27	4.21	3.35	2.96	2.73	2.57	2.46	2.37	2.31	2.25	2.20	2.13	2.06	1.97	1.93	1.88	1.84	1.79	1.73	1.67
	7.68	5.49	4.60	4.11	3.78	3.56	3.39	3.26	3.15	3.06	2.93	2.78	2.63	2.55	2.47	2.38	2.29	2.20	2.10
28	4.20	3.34	2.95	2.71	2.56	2.45	2.36	2.29	2.24	2.19	2.12	2.04	1.96	1.91	1.87	1.82	1.77	1.71	1.65
	7.64	5.45	4.57	4.07	3.75	3.53	3.36	3.23	3.12	3.03	2.90	2.75	2.60	2.52	2.44	2.35	2.26	2.17	2.06
29	4.18	3.33	2.93	2.70	2.55	2.43	2.35	2.28	2.22	2.18	2.10	2.03	1.94	1.90	1.85	1.81	1.75	1.70	1.64
	7.60	5.42	4.54	4.04	3.73	3.50	3.33	3.20	3.09	3.00	2.87	2.73	2.57	2.49	2.41	2.33	2.23	2.14	2.03
30	4.17	3.32	2.92	2.69	2.53	2.42	2.33	2.27	2.21	2.16	2.09	2.01	1.93	1.89	1.84	1.79	1.74	1.68	1.62
	7.56	5.39	4.51	4.02	3.70	3.47	3.30	3.17	3.07	2.98	2.84	2.70	2.55	2.47	2.39	2.30	2.21	2.11	2.01
40	4.08	3.23	2.84	2.61	2.45	2.34	2.25	2.18	2.12	2.08	2.00	1.92	1.84	1.79	1.74	1.69	1.64	1.58	1.51
	7.31	5.18	4.31	3.83	3.51	3.29	3.12	2.99	2.89	2.80	2.66	2.52	2.37	2.29	2.20	2.11	2.02	1.92	1.80
60	4.00	3.15	2.76	2.53	2.37	2.25	2.17	2.10	2.04	1.99	1.92	1.84	1.75	1.70	1.65	1.59	1.53	1.47	1.39
	7.08	4.98	4.13	3.65	3.34	3.12	2.95	2.82	2.72	2.63	2.50	2.35	2.20	2.12	2.03	1.94	1.84	1.73	1.60
120	3.92	3.07	2.68	2.45	2.29	2.18	2.09	2.02	1.96	1.91	1.83	1.75	1.66	1.61	1.55	1.50	1.43	1.35	1.25
	6.85	4.79	3.95	3.48	3.17	2.96	2.79	2.66	2.56	2.47	2.34	2.19	2.03	1.95	1.86	1.76	1.66	1.53	1.38
∞	3.84	3.00	2.60	2.37	2.21	2.10	2.01	1.94	1.88	1.83	1.75	1.67	1.57	1.52	1.46	1.39	1.32	1.22	1.00
	6.63	4.61	3.78	3.32	3.02	2.80	2.64	2.51	2.41	2.32	2.18	2.04	1.88	1.79	1.70	1.59	1.47	1.32	1.00

注) $\phi > 30$ で，表にない F の値を求める場合には，$120/\phi$ を用いろ 1 次補間により求める。

出典）森口繁一，日科技連数値表委員会編：「新編 日科技連数値表—第 2 版」，日科技連出版社，2009 年.

引用・参考文献

[1] 竹士伊知郎：「入門講座　品質管理のための統計的方法の活用」,『ふぇらむ』, 日本鉄鋼協会, Vol.28, No.5〜Vol.29, No.1, 2023 年, 2024 年.

[2] 竹士伊知郎：『学びたい 知っておきたい統計的方法』, 日科技連出版社, 2018 年.

[3] 竹士伊知郎：『ことばの式でわかる統計的方法の極意』, 日科技連出版社, 2022 年.

[4] 竹士伊知郎：『高校数学からはじめる統計学』, 日科技連出版社, 2023 年.

[5] 「品質管理セミナー・ベーシックコース・テキスト」, 日本科学技術連盟, 2023 年.

[6] 「品質管理セミナー・入門コース・テキスト」, 日本科学技術連盟, 2023 年.

[7] JIS Z 9020-2：2023「管理図—第 2 部：シューハート管理図」.

[8] 吉澤正編：『クォリティマネジメント辞典』, 日本規格協会, 2004 年.

索　引

●著者紹介

竹士 伊知郎(ちくし いちろう)
1979 年 京都大学工学部卒業,㈱中山製鋼所入社.
　　　　金沢大学大学院自然科学研究科博士後期課程修了,博士(工学).
現　在 QM ビューローちくし代表,関西大学化学生命工学部非常勤講師,
　　　　(一財)日本科学技術連盟嘱託.
　日本科学技術連盟などの団体,大学,企業において,品質管理・統計分野の講義,
指導,コンサルティングを行っている.
　主な品質管理・統計分野の著書に,『学びたい 知っておきたい 統計的方法』,『ことばの式でわかる統計的方法の極意』,『高校数学からはじめる統計学』(日科技連出版社),『QC 検定受検テキストシリーズ』,『QC 検定対応問題・解説集シリーズ』,『QC 検定模擬問題集シリーズ』,『速効！QC 検定シリーズ』,『TQM の基本と進め方』(いずれも共著,日科技連出版社)がある.

品質管理のための統計的方法の活用

2024 年 4 月 29 日　第 1 刷発行

著　者　竹士　伊知郎
発行人　戸羽　節文

発行所　株式会社 **日科技連出版社**
〒151-0051　東京都渋谷区千駄ヶ谷5-15-5
　　　　　　DS ビル
　　　　　　電話　出版　03-5379-1244
　　　　　　　　　営業　03-5379-1238

検　印
省　略

Printed in Japan

印刷・製本　港北メディアサービス㈱

© *Ichiro Chikushi 2024*
ISBN 978-4-8171-9796-2
URL https://www.juse-p.co.jp/